KB183239

예술가의 여정

감사의 말 ———————— 이 책을 처음 의뢰해 준 자라 안바리, 원고를 부지런히 편집해 준 클레어 컬리, 내용과 최종 텍스트에 대한 추가 편집 의견을 제공해 준 앤드류 로프와 마이클 브룬스트롬에게 감사의 마음을 전합니다. 표지 디자인은 물론, 한나 너튼이 그린 지도를 빼놓고는 이 책을 감히 아틀라스라고 부를 수 없을 것입니다. 또한 놀라운 삽화를 그려준 앤드류 핀더에게도 감사드립니다. 이 책을 위해 노력해 주신 리차드 그린, 제시카 액스를 비롯한 화이트 라이온 출판사와 아우룸의 모든 분들, 특히 홍보를 담당해 주신 멜로디 오두산야에게 감사드립니다. 세인트 판크라스의 영국 도서관, 세인트 제임스의 런던 도서관, 해크니 도서관의 직원분들과 사서분들에게도 감사를 전합니다. 또한 어제와 오늘의 친구들(지금 곁에 있지 못하는 이들도), 대서양 양쪽의 친척과 가족들, 훌륭하고 아름다운 아내 에밀리 빅, 고양이 힐다에게도 감사의 인사를 하고 싶습니다. 소파와 교정 중인 원고를 망가뜨리곤 했던 고양이 키트의 안식을 빕니다.

미술 거장들의 발자취를 따라서

예술가의, 여정

트래비스 엘버러 지음
박재연 옮김

차례

들어가며

스위스의 예술가 파울 클레는 "그림을 그리는 것은 단순히 걷기 위한 선을 긋는 것"이라고 말했다. 그러나 걸음이 닿는 곳은 한정적이다. 자신의 시야를 넓히기 위해 클레는 기차, 보트, 자동차 등을 이용한 빌둥슈라이제Bildungsreise(개인적인 성장과 발견의 여행)를 시작했으며, 그 과정에서 수많은 가죽 신발이 닳아 없어졌다. 그의 예술세계에 획기적인 변화를 가져다준 이 여행은 앞으로 소개할 예술가들의 다양한 여정 중 하나다. 이 책은 다채로운 시대, 다양한 배경의 예술가들이 찾았던 장소와 그들의 여행을 담은 일종의 여행 가이드다. 클레처럼, 몇몇 예술가들에게 여행은 삶에 큰 변화를 가져온 기폭제가 되었다.

낯선 사람들과 문화, 새로운 풍경에 직면하는 것은 새로운 창작욕을 불러일으키곤 한다. 여행 자체가 예술적으로 다른 곳으로 나아가기 위한 디딤돌이 될 수도 있다. 시인과 달리 화가들은 끊임없이 돌아다니는 경향이 있다. 그들은 항상 종이나 캔버스에 담을 새로운 소재를 찾아 헤매며, 작업의 대가를 받거나 작품을 판매하기 위해 때로는 비유적으로, 때로는 문자 그대로 기꺼이 먼 길을 떠나곤 한다. 이 책에는 귀족의 후원이나 기관의 지원 또는 상업적 이익을 위한 예술적 모험의 기록도 담겨 있다. 그러나 여러 사례에서 볼 수 있듯이, 이러한 여행을 감행하는 데 드는 비용은 개인적인 면에서든 일적인 부분에서든 예술가에게 큰 부담이 되기도 했다.

비교적 최근까지만 해도 여행은 고되고 위험한 일이었다. 수세기 전의 예술가들은 스케치 수준의 지도만이 존재할 뿐, 다른 사람들은 거의 관심을 갖지 않았던 땅으로 발걸음을 옮겼다. 그들이 묘사한 미지의 땅과 낯선 야생동물들은, 오늘날 달에서 최초로 전송

된 위성 이미지만큼이나 당시에는 큰 관심을 불러일으켰을 것이다.

대륙 전체가 전쟁에 휩싸였던 시기, 사람들은 지역 랜드마크를 스케치하러 들른 특이한 복장의 외국인을 노골적인 적대감이 담긴 시선으로 바라보았다. 다행스럽게도, 도착한 장소는 예술가들에게 편안하고 안전한 피난처가 되어주었으며, 그림을 계속 그릴 수 있는 환경을 제공해 주었다.

화가들은 사회의 변두리에서 보헤미안 스타일의 삶을 살며 종종 사람들을 충격에 빠뜨리기도 하지만, 일상에서는 의외로 규칙적으로 행동하는 경우가 많다. 수많은 이들이 철새처럼 반복해서 같은 장소로 돌아온다. 시간이 흐르면 그 장소는 예술가 자신과 동의어가 되거나 주요 작품의 제작 시기를 특징짓는 장소로 여겨지기도 한다.

대부분의 그림이나 사진과 마찬가지로 지도는 평면에 3차원의 현실을 표현하려는 시도다. (여기에 소개된 예술가 중 일부는 조각과 개념적 형식을 사용하기도 했다.) 이런 관점에서, 지도는 세상과 우리 자신을 새로운 시각으로 보게 해 준 예술가들과 그들에게 영감을 준 장소 사이의 관계를 탐구하는 데 적합한 수단이다. 그들이 걸었던 길이나 항해, 기차 여행, 운전, 비행 등 그들의 동선은 지도 위의 선으로 표현되었다. 좌표는 이동 방향을 나타낸다. 지도에 표시된 경로는 변덕스러운 예술가들의 삶과 광범위한 문화적 지형을 따라 쓰여진 자연스러운 흔적이다. 부디 최종 목적지까지 설레는 여정이 되기를 바란다.

장 미셸 바스키아, 코트디부아르와 베냉에서 연결고리를 찾다

Jean-Michel Basquiat, 1960~1988

1983년, 스물두 살이었던 장 미셸 바스키아는 뉴욕 휘트니 비엔날레에서 전시를 연 역대 최연소 작가 중 한 명이 되었다. 그는 1970년대 후반 로어 이스트사이드의 언더그라운드 씬(특정 예술 분야의 주류에서 벗어난 움직임 또는 커뮤니티를 뜻하는 말 —편집자)에서 키스 해링과 같은 작가들과 함께 등장했다. 처음에는 SAMO Same Old Shit라는 태그를 남기는 그라피티 아티스트로서, 또 맥스 캔자스시티Max's Kansas City나 CBGB 같은 전설적인 뉴욕 펑크 클럽에서 훗날 배우이자 영화감독이 되는 빈센트 갈로와 함께 아트 록 밴드 '그레이Gray'로 공연하며 뮤지션으로 이름을 알렸다. (밴드 이름은 어린 시절 선물로 받은 책 《그레이 아나토미》에서 따온 것으로, 바스키아에게 끊임없는 영감의 원천이 되었다.)

1981년 블론디의 히트곡 '랩처' 뮤직비디오에 출연한 바스키아는, 당시 무명이었던 마돈나와 데이트하며 1983년 라멜지와 케이-롭의 힙합 싱글 '비트 밥'을 프로듀싱하고, 앤디 워홀과의 공동 전시는 물론 패션 브랜드 꼼 데 가르송의 모델을 맡는 등 아프리카계 미국인 최초로 세계적인 성공을 거두며 유명 인사가 되었다. 하지만 휘트니 비엔날레에서 전시회를 연 지 5년 만인 1988년 8월 12일, 헤로인 과다 복용으로 세상을 떠났다. 그해 초, 파리의 이본 랑베르 갤러리 개인전에서 만난 코트디부아르 화가 오아타라 와츠의 초대를 받아 아프리카로의 두 번째 여행을 떠나기 불과 몇 주 전에 이른 죽음을 맞이한 것이다.

그로부터 2년 전, 바스키아는 처음이자 마지막으로 아프리카 땅을 밟았다. 그는 아이티와 푸에르토리코 혼혈 출신이었으며, 〈나일 강〉이나 〈금빛 그리오〉 등에 이집트식 상형 문자를 사용하는 등 아프리카와 관련된 주제와 소재, 도상을 자신의 작품에 자주 차용했다. 그러던 중 1984년 10월, 친구이자 힙합 아티스트인 팹 5프레디Fab 5 Freddy(프레드 브라스웨이트)가 예일대 미술사학 교수 로버트 패리스 톰슨을 소개해주었다. 톰슨은 아프리카와 아프리카계 미국 작가들의 예술과 철학에 관한 획기적인 연구서 《영혼의 플래시》를 출간한 인물로, 그의 연구는 이후 바스키아의 작품에 《그레이 아나토미》(1858년 출간된 해부학의 고전서)와 함께 주요한 참고서가 되었다. 바스키아는 《그레이 아나토미》의 텍스트와 삽화를 자주 참고하였고, 톰슨의 책은 바스키아 자신의 아프리카 뿌리에 대한 관심을 고취시켜 주었다. 바스키아는 워홀과의 계약을 성사시켰던 아트딜러 브루노 비쇼프베르거를 만나, 코트디부아르의 실질적인 수도 아비장 프랑스 문화원에서 전시를 중개해 달라고 요청했다.

바스키아와 당시 여자친구 제니퍼 구드, 그녀의 오빠 에릭은 1986년 8월 아비장에 도착했다. 비쇼프버거

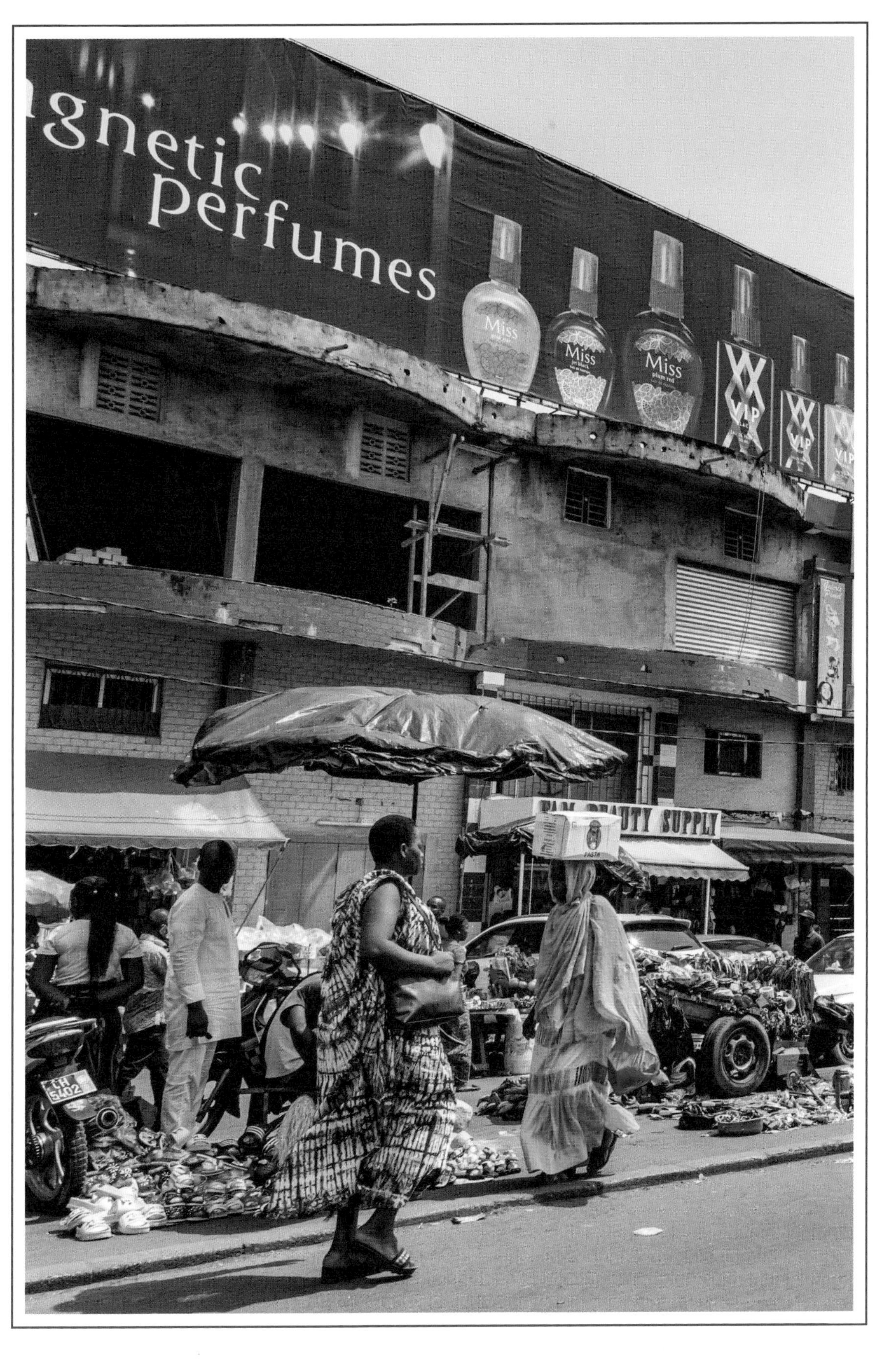
gnetic
perfumes
Miss
Miss
jet black
Miss
plum red
VIP
VIP
VIP
AUTY SUPPLY
PASTA

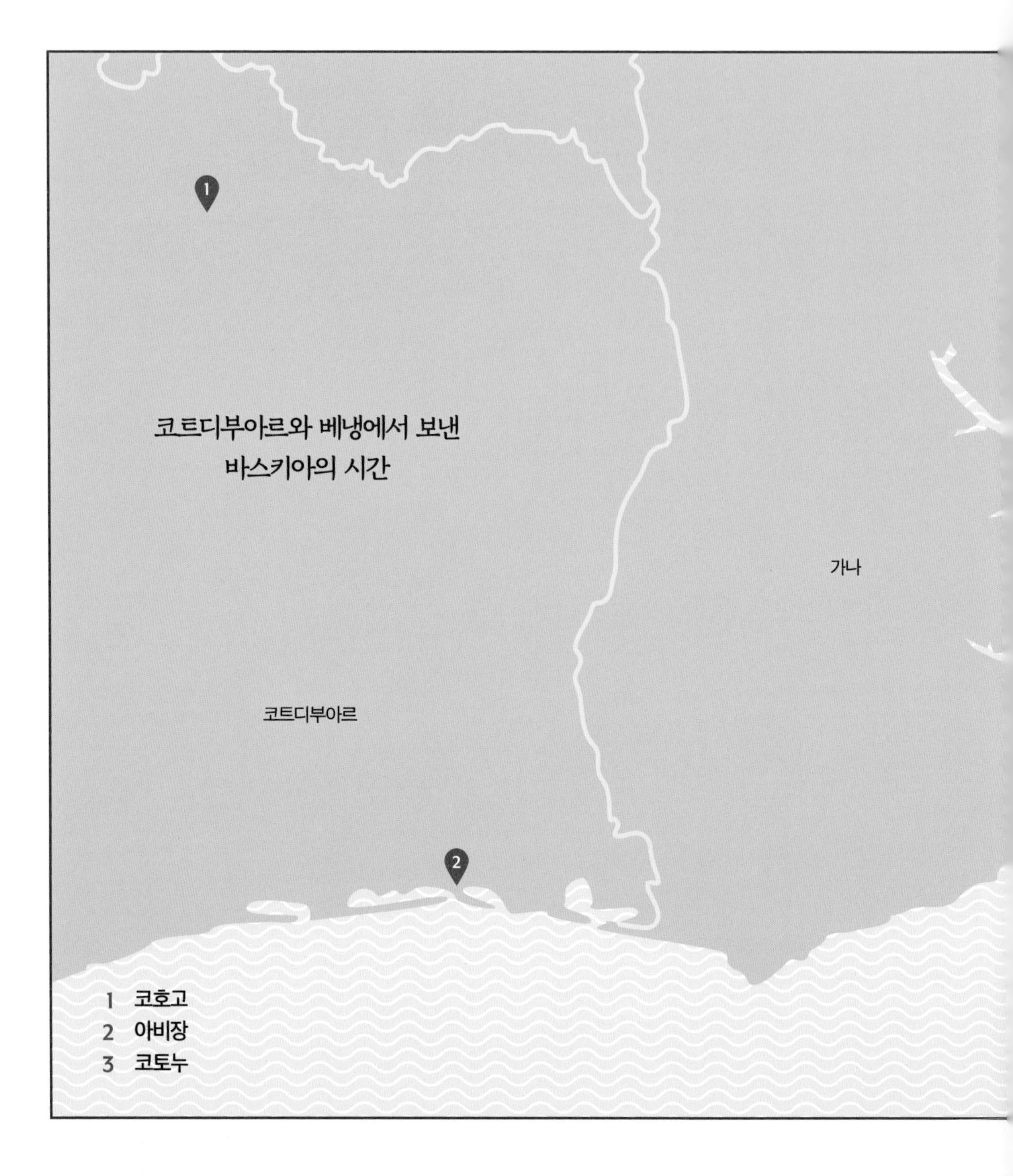

◀ 앞페이지 : 코트디부아르, 아비장

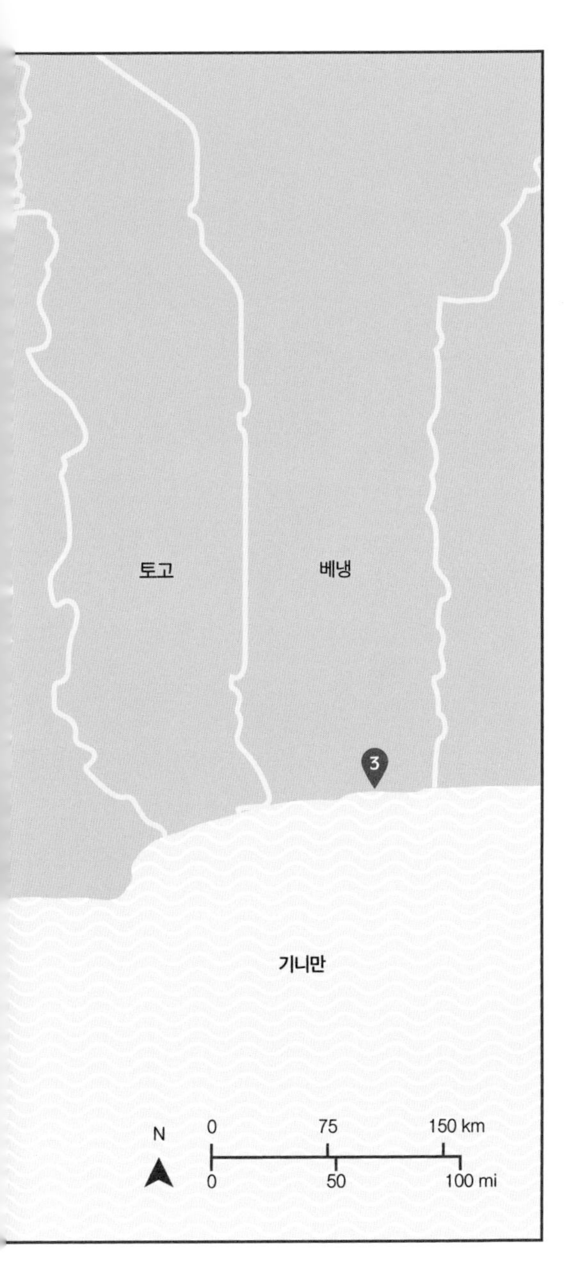

는 10월 10일 〈찰스 1세〉와 〈나귀 턱뼈〉가 걸린 전시회 개막에 맞춰 합류했다. 이 전시회는 한 달 가까이 진행되었다. 전시회가 끝난 후 바스키아, 제니퍼, 에릭, 비쇼프버거는 북쪽의 코호고로 날아가 세누포 부족 사람들을 만난 후 베냉의 코토누로 이동했다.

비평가 닐리 스완슨에 따르면 아비장 전시는 부정적인 평가를 받았다. 그러나 그의 불경하고 심오하며 원시적인 시각적 조합은 부부Vouvou ('쓸모없는 쓰레기'를 뜻하는 경멸적 단어)라는 기치 아래 공동작업을 하는 현지 예술가 그룹에 큰 반향을 일으켰고, 바스키아는 아프리카 대륙에서 활동하는 새로운 세대 화가들의 롤모델이 되었다.

바스키아는 그의 짧은 생애 마지막 몇 달 동안 마약 문제를 해결하기 위해 노력했다. 마약의 유혹에서 벗어나려 하와이의 마우이에 위치한 자신의 스튜디오에서 은둔했지만, 불행히도 소용이 없었다. 렉싱턴 애비뉴와 54번가에 위치한 성 베드로 교회에서 열린 그의 추모식에서 팹 5프레디는 할렘 르네상스 작가인 랭스턴 휴즈의 시 '천재 아이'를 낭송했다. 길들여지지 않은 독수리를 형상화한 이 시는 최대한 높이 날아올랐다가 자신이 통제할 수 없는 악마에 의해 추락했음에도 불구하고 아프리카에 예술 혁명의 씨앗을 심은 어느 예술가를 떠올리게 한다.

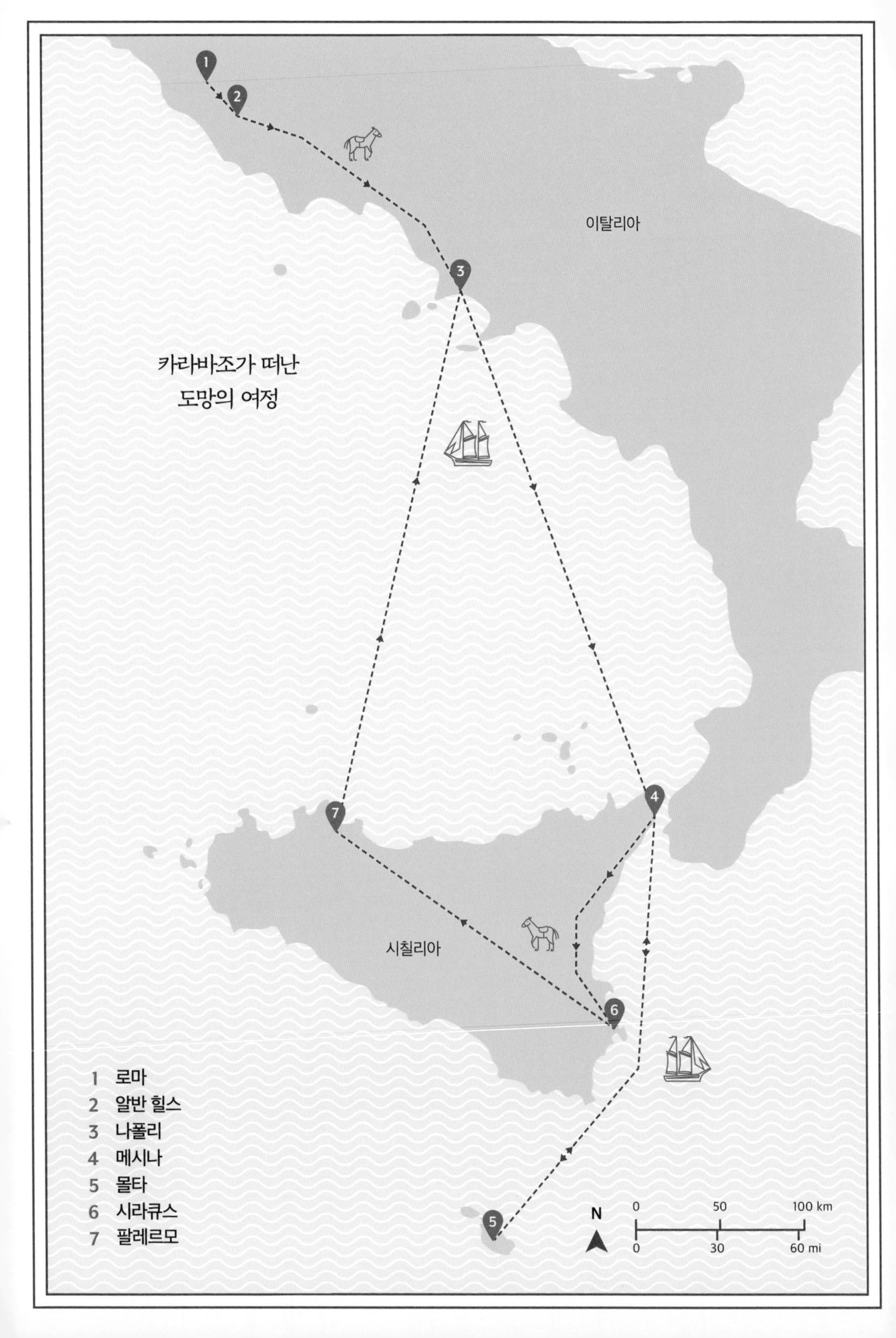
이탈리아
카라바조가 떠난
도망의 여정
시칠리아
1 로마
2 알반 힐스
3 나폴리
4 메시나
5 몰타
6 시라큐스
7 팔레르모
N
0
50
100 km
0
30
60 mi

카라바조,
몰타로 도망치다

Michelangelo Merisi da Caravaggio, 1571~1610

1607년 7월 12일, 이탈리아 르네상스의 거장 미켈란젤로 메리시 다 카라바조는 나폴리에서 시칠리아를 거치는 험난한 바다 항해 끝에 몰타에 도착했다. 그의 전기작가 앤드류 그레이엄 딕슨이 이야기한 대로, 카라바조가 '몰타로 가겠다는 특별한 결정'을 내린 이유는 '그의 말년과 관련된 많은 수수께끼 중 하나'로 남아 있다.

우리가 확실히 아는 것은 화가가 1606년 5월 28일 또는 29일에 라누치오 토마소니를 살해한 후 로마를 떠나야만 했다는 사실뿐이다. 여기서부터 문제가 상당히 모호해지기 시작한다. 널리 알려진 바에 따르면, 다혈질로 악명 높았던 카라바조는 문제의 그날 평소보다 훨씬 더 기분이 좋지 않았다. 그러다 테니스 경기에서 패배한 데 대한 분노가 칼을 뽑는 싸움으로 번졌고, 순간적으로 카라바조가 토마소니를 찔러 죽였다는 것이다.

성격이 급했던 카라바조는 평소에도 분쟁을 해결하기 위해 칼을 뽑는 경향이 있었다. 하지만 오늘날의 연구에 따르면, 카라바조와 토마소니의 결투는 미리 약속된 것이었을 가능성이 크다. 당시 로마 교황령 내에서 결투는 사형에 처해질 수 있는 범죄였기 때문에, 테니스 경기 이야기는 더 이상의 비난을 피하기 위해 꾸며낸 것이라는 주장이다. 진실이 무엇이든 간에, 카라바조는 사형에 해당하는 범죄를 저지른 상태였으므로 한시바삐 도시를 떠나야 했다. 운 좋게도 카라바조는 콜로나 공작 가문의 유력한 친구들을 만나 로마에서 약 32킬로미터 떨어진 알반 언덕의 자 갈로와 팔레스트리나에 은신처를 마련할 수 있었다. 그는 친구들을 비롯해 영향력 있는 추종자들이 교황에게 청원하는 동안 은신처에 머물다 보면, 교황이 결국 사면을 허락할지 모른다는 희망을 품었다.

카라바조가 이곳에서 완성한 그림 중 가장 유명한 것은 구약성서의 작은 살인자 다윗과 희생자인 골리앗의 머리를 표현한 작품이다. 카라바조는 이 작품이 교황청 사법 최고 행정관인 스키피오네 보르게세의 승인을 받길 바랐는데, 사실상 자신의 사면을 요청하는 암호화된 탄원서를 그린 셈이다.

그러나 카라바조에게는 거물급 친구들 못지않게 무서운 적들도 존재했다. 애초의 기대와 달리, 로마에서 그에게 불리한 여론이 높아지자 그는 교황의 사법권이 미치지 않는 곳으로 더 멀리 이동하는 것이 현명하다는 판단을 내린다. 1606년 10월 6일, 그는 스페인-합스부르크 왕국의 통치하에 있던 대규모 항구 도시 나폴리에 도착했다. 당시 로마의 세 배에 달하는 규모를 자랑하던 나폴리는 시칠리아 왕국의 수도 역할을 하고 있었다. 콜로나 가문이 나폴리의 땅을 소유하고 영향력을 행사하고 있었던 만큼, 카라바조는 나폴리의 여러 궁전 중 한 곳에 머물렀을 가능성이 높다.

도주 중인 살인자 신분이었음에도 불구하고, 카라바조의 작품에 대한 수요는 계속 이어졌다. 이 시기에 그가 받은 가장 큰 작품 의뢰는 나폴리 중심부에 있는 새로운 교회인 피오 몬테 델라 미제리코디아의 제단을 장식할 그림을 제작해 달라는 주문이었다. 그림의 주제는 '자비의 일곱 가지 행위'였지만 성경과 고전 신화에 등장하는 인물들이 나폴리의 한 거리에서 서로 자리를 다투는 것처럼 표현해야 했다. 이 그림은 오늘날에도 여전히 같은 도시의 교회에 걸려 있다. 작품을 완성하고 얼마 지나지 않아 그는 도미니크 수도원 예배당에 걸릴 다른 제단화의 제작 의뢰를 받았다. '채찍질 당하는 예수'를 주제로 한 이 그림 역시 나폴리에 남아 있지만, 예배당이 아닌 카포디몬테 박물관에 소장되어 있다.

안타깝게도 카라바조는 나폴리에서 원하는 만큼 오래 머물 수 없었다. 여름이 되자, 암살자에게 돈을 주고 로마의 라이벌을 제거했다는 새로운 혐의가 그에게 더해졌기 때문이다. 이 소식을 들은 카라바조는 6월에 몰타로 떠나기로 결심했다.

시칠리아에서 남쪽으로 93킬로미터, 아프리카 해안에서 북쪽으로 299킬로미터 떨어진 지중해의 외딴 섬 몰타는 바위와 언덕이 많다는 점에서 훌륭한 도피처였다. 또한 몰타는 당시 가톨릭 기독교 국가들 중에서 유일하게 형제회가 통치하는 주권 국가였다. 예루살렘 성 요한 기사단은 십자군 전쟁 중에 수도원 의료 단체로 설립되었지만, 곧 복잡한 기사도 규범을 가진 피비린내를 풍기는 강력한 민병대로 빠르게 성장했다. 기사단의 상징인 여덟 개의 십자가는 '진리 안에서 살고, 믿음을 갖고, 죄를 회개하고, 겸손의 증거를 보이고, 정의를 사랑하고, 자비를 베풀고, 성실하고 온 마음을 다하고, 박해를 견뎌야 한다'는 기사단의 의무를 명시한 것이었다.

1530년 신성로마제국의 황제 카를 5세에 의해 기사단에 무상증여된 몰타는 1565년 오스만 제국의 공격을 몰아낸 뒤 사실상 떠다니는 요새가 되었다. 성벽은 웅장한 성 요한 대성당이 있는 수도 발레타를 철통같이 지키고 있었으며, 섬으로의 진입은 엄격하게 통제되었다. 이런 상황에서, 로마와 제노바 출신 후원자 중 한 명이 카라바조가 예술가로서 봉사하는 대가로 순종 기사 계급을 획득할 수 있게 해 주었고, 이를 통해 교황청의 사법 처리 대상에서 면제될 수 있는 거래

▶ *자비의 일곱 가지 행위.* 제단 벽화, 나폴리

를 중개하는 데 도움을 준 것으로 보인다. 카라바조는 기사 이폴리토 말라스피나를 위해 성 제롬을 그린 경건한 성화와 함께 갑옷을 입은 섬의 주권자 알로프 드 위냐쿠르 대공의 초상화 두 점을 제작해야 했는데, 이 중 한 점만이 현존한다. 그레이엄 딕슨이 가장 비극적인 그림이라고 평가한 또 다른 거대한 제단화도 몰타에서 완성되었는데, 기사단의 수호성인인 세례 요한을 그린 그림이다.

모든 것이 순조롭게 진행되는 것처럼 보였다. 그러나 몰타는 나름의 규칙과 사소한 규정들이 있는 곳이었다. 원칙상 모든 기사는 가난과 독신에 대한 서약에 묶여 있었지만 권력자들은 상당히 안락한 삶을 영위했고, 매춘 업소는 활기차게 운영되었다. 카라바조는 그러한 제한에 반기를 들었고, 동료 기사와의 갈등 끝에 몰타 비르구에 있는 세인트 안젤로 요새에 투옥되었다. 우여곡절 끝에 탈출에 성공한 그는 시칠리아로 이동했다. 이듬해 메시나에서 시라쿠사로, 그리고 다시 팔레르모로 옮겨 다니던 화가는 결국 나폴리로 돌아와 세리글리오 술집 밖에서 난투극을 벌이다 죽을 뻔한 위기를 겪기도 했다.

그리고 얼마 지나지 않아 진짜 죽음이 찾아왔다. 1610년 7월 18일 말라리아로 악명 높은 항로를 따라 포르토 에르콜레로 향하던 중 카라바조는 열병에 걸려 쓰러졌다. 그의 나이 서른여덟 살이었다. 돌이켜 보면 끊임없이 처형의 위협을 받으며 도망 다니는 와중에도 걸작을 계속 만들어내면서, 그 나이까지 살았다는 것 자체가 기적에 가까운 일처럼 보인다.

◀ 몰타의 수도, 발레타

메리 카사트,
파리에 깊은 인상을 남기다

Mary Cassatt, 1844~1926

'파리의 미국인'이라는 문구를 노래로 만든 사람은 작곡가 조지 거슈윈으로, 그의 재즈풍 곡은 1951년 동명의 할리우드 뮤지컬에 영감을 주었다. 거슈윈은 메리 카사트가 사망한 해인 1926년, 파리를 처음 방문했다. 60년 넘게 프랑스 수도에 살면서, 프랑스 인상파 화가들과 함께 전시회를 여는 등, 카사트는 여러 면에서 특이한 미국인이었다. 미술사학자 낸시 모울 매튜스에 따르면, 카사트는 '당시 파리의 다른 어떤 미국인 예술가보다도' '프랑스 식으로 삶과 작업을 수행'했으며 파리 예술계에서 실질적인 이너서클의 일원이 되었다. 카사트의 재능 덕분에 그녀의 작품은 1868년 아카데미 데 보자르의 공식 미술 전시회인 살롱전에 전시되었고, 8년 후 에드가 드가는 그녀를 인상파 그룹에 초대하게 된다. 1904년, 모교인 펜실베이니아 미술 아카데미에서 그녀에게 상을 수여하려 하자 카사트는 이를 거절했다. 하지만 같은 해 프랑스 최고 훈장인 슈발리에 드 라 레지옹 도뇌르 훈장은 흔쾌히 수락했다. 그녀의 친구이자 프랑스 정치가인 조르주 클레망소가 직접 훈장을 수여했는데, 클레망소는 카사트를 프랑스의 영광스러운 예술가 중 한 명이라며 칭송해 마지않았다.

하지만 카사트는 미국인 친구들과의 관계를 포기하지 않았고 미국 시민으로서 생을 마감했다. 매튜스의 말처럼, '그녀에 대한, 또는 그녀에 관한 어떤 기록이나 회고에서도 그녀의 미국인적 특성을 강조하지 않는 것이 없다'고 할 수 있다. 그녀는 계급, 가문의 부, 성향(에 예술적 야망을 더해) 덕분에 파리에 성공적으로 정착한 그 시대의 대표적인 미국인 유형을 잘 대변한다. 그럼에도 그녀의 작품은 고국의 비평가들을 혼란스럽게 했다. 1879년 인상파 전시회에서 드가와 함께 데뷔한 그녀의 작품을 두고 〈뉴욕 타임스〉의 어느 비평가는 "필라델피아 출신으로 살롱에 입성한 것은 여성이자 외국인으로서 큰 승리인데, 왜 이렇게 타락한 것일까"라며 안타까움을 표했다.

메리는 펜실베이니아주 앨러게니에서 태어났지만, 카사트 가문이 프랑스 위그노의 후손이라는 이야기를 듣곤 했다. 투자자이자 부동산 투기꾼이었던 아버지의 선조들은 미국 독립전쟁 당시부터 미국 사회의 상류층을 이루고 있었다. 어머니 캐서린은 스코틀랜드계 아일랜드인 의사와 은행가 집안 출신으로, 피츠버그에 있는 프랑스 학교에 다녔기 때문에 프랑스어에 능통했다. 금융가였던 메리의 아버지 로버트는 충분한 재산을 모은 후 마흔두 살의 나이에 은퇴했고, 1850년 온 가족을 이끌고 유럽으로 떠났다. 당시 메리는 겨우 여섯 살이었지만 파리의 매력에 눈 떴고, 카사트 가족은 그곳에서 2년간 살다가 독일의 하이델베르크와 다름슈타트로 이주했다. 메리는 현지 학교에서 프랑스어와 독일어를 배우고 미술과 음악 수업을 들었다.

카사트 부부는 1855년 미국으로 돌아와 필라델피

아에 정착했다. 열여섯 살이 되던 해에 메리는 펜실베이니아 미술 아카데미에 입학했으나, 많은 또래 친구들과 마찬가지로 그녀 역시 파리에서 계속 교육을 받기를 원했다. 그러나 그녀의 꿈은 남북전쟁이 끝나 대서양 횡단 여행이 가능해질 때까지 미뤄질 수밖에 없었다. 마침내 1865년 파리로 돌아온 메리는 프랑스 미술원 회원이 된 장 레옹 제롬의 스튜디오에서 미술 공부를 시작했다. (당시에는 여성과 외국인 모두 국립고등미술학교에 입학하는 것 자체가 금지되어 있었다.)

메리 카사트와 같은 계통의 미국 학생들은 팔레 데 보자르나 9구 피갈 광장 근처에 모여 살았다. 모든 학생들이 과거의 작품을 모방하며 그림 공부를 했기에, 자연스럽게 그들 우주의 중심은 루브르 박물관이 되었다. 1879년 드가는 〈루브르 박물관의 메리 카사트 : 에트루리아 갤러리에서〉라는 판화를 제작한다. 우아하게 차려입은 미국인이 고대의 석관을 열심히 바라보고 있는 모습을 통해 카사트 역시 루브르 탐방을 게을리하지 않았음을 짐작할 수 있다.

네덜란드의 거장 페테르 파울 루벤스의 마리 드 메디치스 생애 연작을 소장하고 있던 뤽상부르 박물관 역시 미술학도들이 찾는 또 다른 명소였다. 인근의 뤽상부르 공원 역시 유학생들의 사교 장소로 인기가 높았다.

약 1년 후, 카사트는 파리에서 북쪽으로 약 19킬로미터 떨어진 에쿠앙에서 공부를 계속하게 되었고, 당시 프랑스 낭만주의 회화의 선두주자였던 피에르 에두아르 프레르를 중심으로 모인 프랑스 및 외국인 예

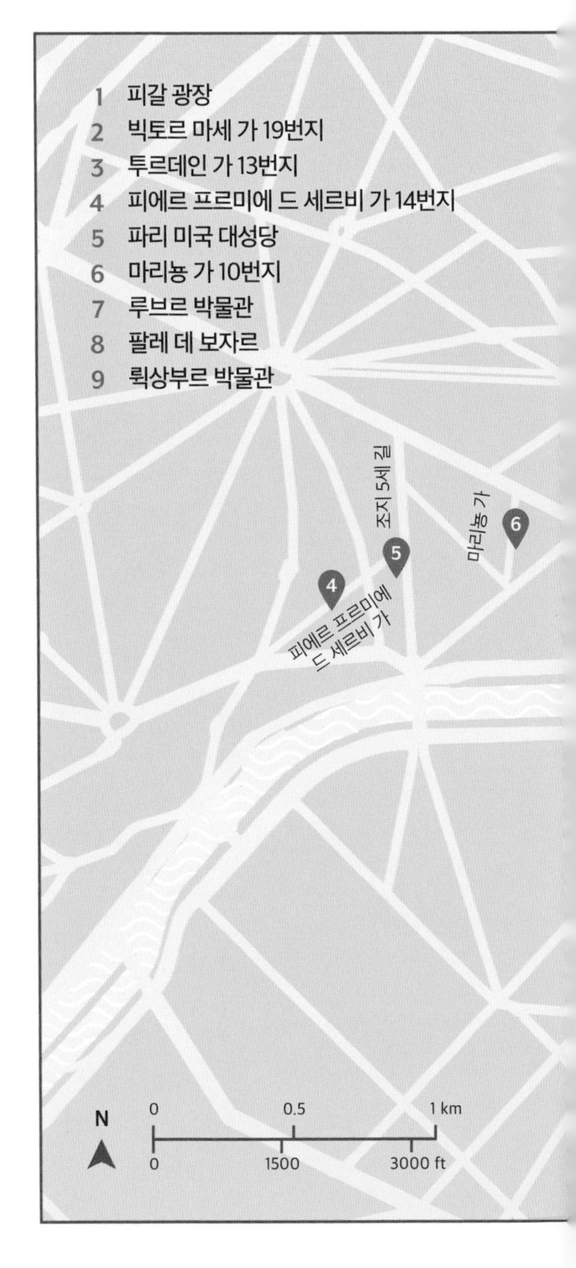

◂ 앞페이지 : 프랑스, 파리

술가들 모임에 합류하게 된다. 매튜스에 따르면, 미국 예술가들 사이에서 에쿠앙은 '지적인 도피처'로 여겨졌다. 1868년 카사트는 이곳에서 현악기를 쥐고 있는 슬픈 표정의 소녀를 그린 〈만돌린 연주자〉를 제작했는데, 이 작품은 그녀의 첫 살롱 출품작이 되었다.

2년 후 프랑스-프로이센 전쟁이 발발하자 카사트는 미국으로 돌아와 펜실베이니아주 알투나에 있는 가족들을 만났다. 전쟁의 먹구름과 혁명적인 파리 코뮌의 사건이 지나간 후에도 카사트는 바로 파리로 돌아가지 않았다. 1871년부터 1874년까지 파리에는 잠시만 머물렀고, 이탈리아 파르마, 스페인(생각보다 마음에 들지 않았지만 그래도 살롱에 출품할 수 있는 투우사 그림을 그릴 수 있었다), 네덜란드, 벨기에를 거쳐 다시 파르마로 돌아간 후 로마로 향했다.

프랑스 빌리에-르-벨에서 프랑스인 역사화가 토마 쿠튀르와 함께 여름을 보낸 후, 1874년 가을 카사트는 다시 파리로 갈 준비를 마쳤다. 그녀는 라발 가 19번지(현재 빅토르 마세 가)에 아파트를 빌렸고, 그곳은 이후 4년 동안 그녀의 거처가 되었다. 카사트는 화려하게 장식된 응접실에서 전설적인 티파티를 열곤 했는데, 소설가 루이자 메이 알콧의 여동생인 화가 메이 알콧은 단골 참석자 중 한 명이었다. 알콧은 카사트의 집에서 열린 티파티를 다음과 같이 묘사했다. "멋진 태피스트리를 배경으로 터키 산 양탄자 위에 놓인 의자에 앉아 프랑스식 케이크와 함께 푹신한 크림과 초콜릿을 먹었다. 벽에는 화려한 액자 속 멋진 그림들이 즐비했고, 조각상과 정물화가 집안 구석구석을 채우고 있었으며, 집 전체는 멋진 앤티크 조명으로 밝혀져 있었다. 우리는 인도인 웨이터가 서빙해 주는 핫초콜릿을 마셨다. 고급스럽게 수를 놓은 티코스터 위에 올려진 고급 자기에 담긴 것이었다. 카사트 양은 평소와 마찬가지로 두 가지 색조의 갈색 새틴으로 된 드레스를 입었다. 그녀는 매우 활기차고 천재적인 여성이다."

카사트의 가장 유명한 작품 중 하나인 1881년작 〈방문자〉는 프랑스식 대형 창문이 있는 파리의 한 아파트에서 손님을 맞이하는 모습을 그린 작품이다. 1881년 인상파 전시회에서 열광적인 찬사를 받았던 작품으로, 동생 리디아가 반짝이는 분홍색 드레스를 입고 의자에 앉아 오후의 다과를 즐기는 모습을 그린 유화 〈차 한 잔〉도 카사트의 대표작 중 하나다. 1877년, 그녀의 부모님과 여동생은 형제애의 도시 필라델피아보다 빛의 도시 파리에서 더 많은 돈을 벌 수 있을 것이라 판단하여 파리에 정착하기로 결정했다. 그들은 당시 프랑스 수도에 살고 있던 약 5천 명의 미국인 커뮤니티에 합류하게 되었다. 파리의 2백만 인구 중 벨기에인, 영국인, 스위스인, 이탈리아인이 차지하는 숫자에 비하면 훨씬 적은 비율이었지만 부유한 미국인들은 눈에 띄었고, 대부분은 오페라 지구와 주요 미국 은행

◀ *차 한 잔*, 1880~1881

이 위치한 스크리브 가, 그리고 부유한 미국인들을 대상으로 하는 사업체들 주변에서 고급스럽고 안락하게 살고 있었다. 당시 알마 가(현재 조지 5세 가)에 있던 8구의 미국 교회, 홀리 트리니티(나중에 파리 미국 대성당으로 알려짐) 교회는 미국 국외 거주자 커뮤니티의 또 다른 중심지로, 1870년대 이 교회의 교구 목사는 미국 은행가 JP 모건의 사촌이었다.

카사트 부부는 예술가들에게 더 인기가 있는 9구의 트루데인 가 13번지의 아파트를 빌리기로 했다. 펜실베이니아 철도 사장이자 미국에서 가장 부유한 사람 중 한 명이 된 카사트의 오빠 알렉산더, '알렉'은 가족과 함께 파리를 방문했고, 메리는 알렉의 아내와 네 자녀에 대한 관찰을 통해 전에 없던 어머니와 아이들 시리즈를 탄생시켰다. 여동생 리디아와 마찬가지로 결혼할 생각이 전혀 없었던 메리에게, 60만 명의 목숨을 앗아간 미국 남북전쟁은 어쩌면 약간의 호재로 작용했을지도 모른다.

1882년 리디아가 신장 질환으로 사망한 것은 메리에게 상당한 타격을 주었다. 메리와 부모님은 1884년 피에르 샤롱 가 14번지(현재 피에르 프르미에 드 세르비 가)에 있는 다른 아파트로 이사했다. 부모님이 노약해지자 1887년에는 마리뇽 가 10번지에 위치한 엘리베이터가 있는 건물로 거처를 옮겼고, 그곳은 남은 생애 동안 그녀가 파리에서 머무르는 집이 되었다. 그녀는 피카르디에 있는 시골집 샤토 드 보프레네에서 여든여섯 살의 나이로 세상을 떠났다.

◂ 루브르 박물관의 피라미드

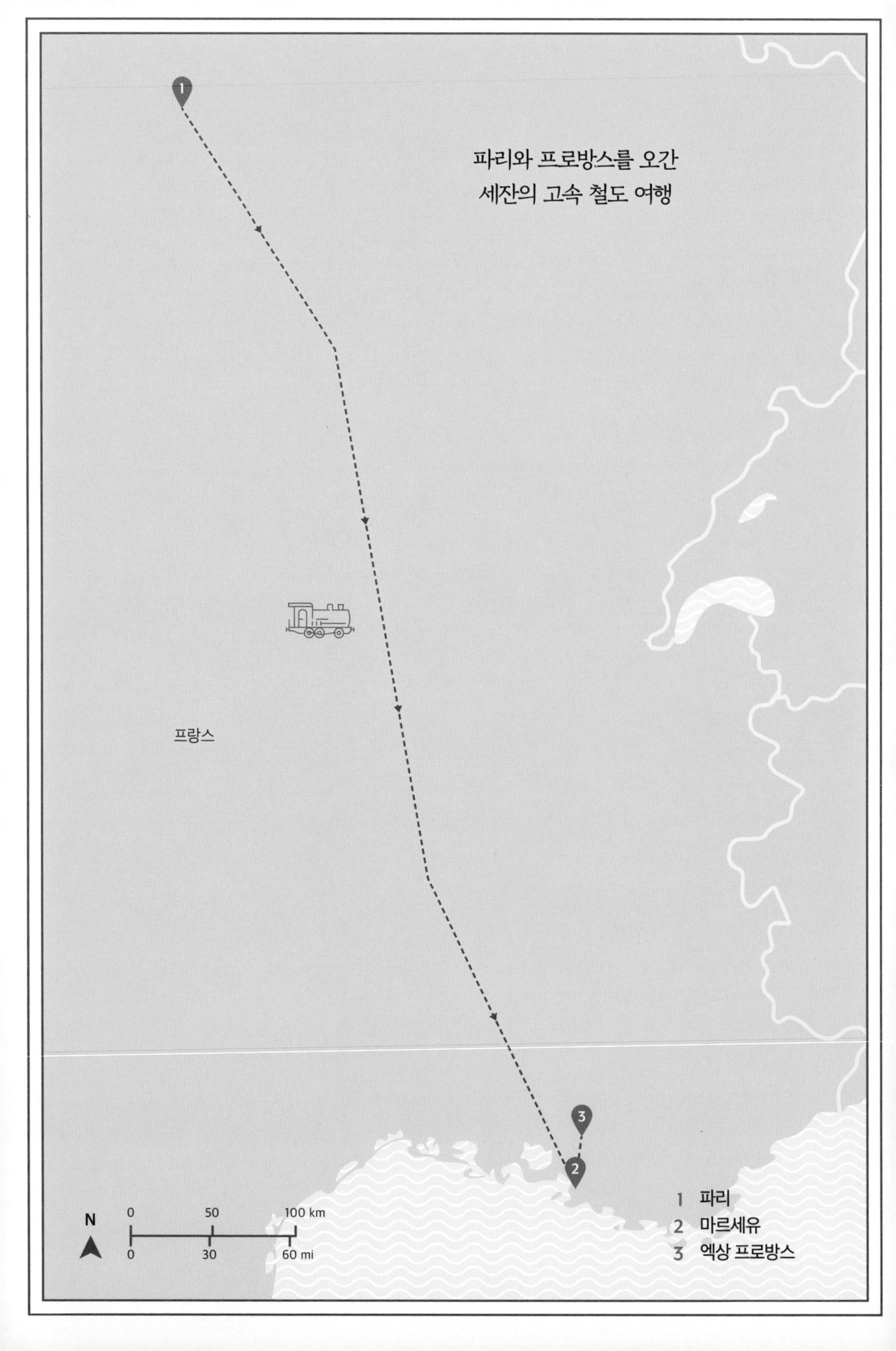
파리와 프로방스를 오간
세잔의 고속 철도 여행
프랑스
1 파리
2 마르세유
3 엑상 프로방스
N
0 50 100 km
0 30 60 mi

폴 세잔,
엑상 프로방스에서
아픔을 겪다

Paul Cézanne, 1839~1906

인상주의와 결별하고, 초상화와 정물화부터 유화와 수채화의 풍경화에 이르기까지 모든 장르에 걸쳐 형식의 혁신을 이뤄낸 폴 세잔은 파블로 피카소의 입체파와 20세기 추상화의 길을 닦은 현대 미술의 아버지로 불린다. 세잔은 급격하고 중대한 사회적, 정치적 변화의 시기를 살았다. 특히 1850년대 프랑스에서 진행된 철도의 급속한 발전과 확장은 그의 예술에 결정적인 영향을 끼쳤다.

동료이자 동시대 화가인 피에르 오귀스트 르누아르나 에두아르 마네와 달리 세잔은 프랑스 밖을 거의 여행하지 않았다. 전기작가들은 그런 세잔이 단 한 번 프랑스 외의 나라를 경험한 증거를 찾아냈는데, 프랑스가 통치하던 사보이를 넘어 1891년에 스위스를 여행했던 것이다. 이때 세잔은 베른, 프리부르, 브베, 로잔, 제네바, 뇌샤텔을 방문했고, 그곳에서 대부분의 시간을 보냈다. 그러나 스위스의 풍경은 그의 상상력을 자극하지 못했고, 그는 뇌샤텔의 호텔을 떠나면서 현지 풍경을 담은 미완성 캔버스 두 점만을 남겨뒀다.

이후 세잔은 생애 마지막 몇 년 동안 파리와 그가 사랑했던 프랑스 남동부 프로방스를 왕복하는 여정을 계속했다. 예술가로서의 성장에 필수적이었던 이중생활은 프랑스 수도와 마르세유 사이를 운행하는 고속 열차 덕분에 가능해졌다. 육지나 해안을 빙 돌아가던 예전의 고된 여정을 단 20시간으로 단축할 수 있었던 것이다. 그 덕분에 평소 안절부절못하고 불안해하며 집착과 병적인 두려움에 시달리던 세잔은 주변 환경에 지칠 때면 거의 즉흥적으로 어디로든 떠날 수 있었다.

세잔은 때때로 프로방스로 돌아가지 않고 파리나 그 주변 지역(오베르 쉬르 와즈, 샹티이, 퐁텐블로)에 1~2년 동안 머물렀다. 마찬가지로, 프랑스 대도시의 번잡함을 피해 남부에 오래 거주하기도 했다. 그러나 1861년 파리에서의 실망스러웠던 첫 데뷔 이후 파리와 프로방스를 횡단하는 생활 패턴이 자리 잡혔고, 이는 1890년대까지 계속되었다.

한편, 세잔의 고향 친구인 소설가 에밀 졸라는 3년 전 문학적 명성을 얻기 위해 파리로 이주한 상태였다. 졸라는 세잔에게 자신이 있는 파리로 오라고 권유했다. 당시 세잔은 '예술가란 경제적으로 위험하고 가치 없는 직업'이라고 생각하는 아버지 루이 오귀스트의 비위를 맞추기 위해 법학을 전공하고 있었다. 그러나 법학은 기질적으로 그에게 맞지 않는 분야였고, 그는 공부를 시작한 지 얼마 안 돼 금세 싫증을 느끼게 되었다. 결국 어머니와 누나 마리의 설득으로, 루이 오귀스트는 아들 세잔이 파리의 비공식 미술 학교인 아카

데미 쉬스에 등록하여 자신이 원하는 길을 가도록 허락했다. 그곳에서 세잔은 인상주의의 선구자인 클로드 모네와 카미유 피사로를 만났고, 졸라와 함께 클리시 가에 있는 보헤미안 작가와 예술가들의 명소, 카페 게르부아를 자주 찾았다.

이 여행 전에는 엑상 프로방스에서 몇 킬로 이상 떠나본 적이 없던 세잔은 1861년 4월, 아버지와 여동생과 함께 론 계곡을 통해 북쪽으로 첫 기차 여행을 떠났다. 레 알 근처의 코키에르 가에 있는 작은 호텔에서 가족들과 함께 지내던 그는 파리 좌안 포이양틴 가에서 자신만의 작업실을 발견했다.

루브르 박물관은 그에게 있어 또 다른 작업실이 되었다. 루브르는 세잔이 파리에서 가장 소중하게 여긴 장소 중 하나로, 박물관 개관 초기에 세잔은 거의 매일 그곳을 방문해 거장들의 작품을 연구하고 스케치했다. 문제는 파리에 정착한 지 얼마 지나지도 않았는데 햇살과 알레포 소나무, 프로방스의 붉게 물든 산 풍경이 그리워지기 시작했다는 것이다. 심지어 자신의 그림에 대한 자신감마저 점점 상실되자, 결국 세잔은 고향으로 돌아가기로 했다.

졸라의 표현에 따르면 세잔은 파리에 '도착하자마자 엑상 프로방스로 돌아가겠다고 고집을 부렸다'. 그의 고집에 화가 난 졸라는 '세잔에게 무언가를 설득하는 것'은 '노트르담 대성당 탑이 사중창에 맞춰 춤을 추도록 설득하는 것과 같다'고 말했다.

1861년 가을, 세잔은 고향으로 돌아왔을 뿐만 아니라 자존심을 버리고 아버지가 제시한 은행 점원 자리

◀ 프랑스, 프로방스

를 수락했다. 그러나 아무리 노력해도 지루한 은행 생활에 적응할 수 없었고, 회사 장부의 여백에 그림을 그린 일로 질책받기도 하자 그는 결국 파리로 돌아갔다. 아카데미 쉬스에서 학업을 재개한 세잔은, 그때부터 파리와 프로방스를 오가는 생활을 하게 된다.

프로방스에서도 그는 정착하지 않고 떠도는 삶을 선택했다. 그는 엑상 프로방스에서 8킬로미터 떨어진 고대 언덕 마을 가르단느로 이사했는데, 그곳에는 폐허가 된 낡은 교회가 있었다. 세잔의 명작 〈가르단느〉와 〈가르단느 마을〉 안에 담긴 교회가 바로 그곳이다. 프로이센-프랑스 전쟁이 발발하자 세잔은 작은 항구 마을 레스타크로 가서 숨어 지냈고, 이후 레스타크에서 바라본 마르세유 만을 그렸다. 그리고 다시 엑상 프로방스로 돌아왔다.

몽태게의 평원, 르 톨로네의 바위와 농장, 비베무스의 동굴 채석장과 기묘한 건물들 또한 그의 회화적 관심을 끌었던 다른 지역 명소였다.

▼ 1904년, 프로방스에서 그림을 그리고 있는 세잔

▶ *가르단느 마을,* 1885~1886

그러나 무엇보다도, 엑상 프로방스에서 40여 년 동안 이어진 세잔 작품 세계의 중심은 1859년 그의 아버지가 주지사에게서 구입한 외곽의 시골 저택이자 농장 부지였던 자스 드 부팡Jas de Bouffan이었다. 세잔은 〈자스 드 부팡 주변 풍경〉을 포함한 유화 37점, 그리고 저택과 그 주변을 그린 수채화 16점을 완성했다. 1890년대에 세잔은 낡은 모자를 쓰고 점토로 만든 기다란 파이프를 피우며 카드놀이를 하는 소박한 노동자들의 모습을 그린 다섯 점의 연작을 제작하는데, 아버지의 영

지에서 온 농장 노동자와 늙은 정원사 알렉상드르가 모델로 등장한다.

자스 드 부팡으로 온 세잔은 농민 모델, 밤나무 골목, 포도밭과 함께 엑상 프로방스의 계곡을 지배하는 회색빛의 석회암 산, 생 빅투아르 산의 멋진 전망을 선물로 받았다. 산 정상에는 폐허가 된 칼마둘Calmaldules 예배당이 있었고, 그 근처에는 젊은 시절 세잔과 그의 친구들이 목숨을 걸고 기어오르던 가라게 구렁Gouffre du Garagaï이 있었다. 세잔은 쇠약한 노인이 된 후에도 여전히 이 산을 정복하기 위해 노력했다. 황혼기의 세잔은 이 산을 반복해서 그렸지만, 당뇨병으로 인해 유화 물감을 다룰 수 없을 정도로 쇠약해지자 거친 산의 윤곽을 포착하기 위해 수채화에 매달렸다. 미술사학자 케네스 클락을 비롯한 많은 이들이 〈생 빅투아르 산〉 같은 후기 수채화를 세잔의 작품 중 가장 완벽한 것으로 평한다.

자스 드 부팡은 1899년 세잔의 어머니가 사망한 직후에 매매되었고, 세잔은 프로방스에 완전히 정착하기로 결심한 후 1904년에 다시 한번 파리를 방문했다. 부모님의 유산 덕분에 엄청난 부자가 된 그는 엑상 프로방스의 불레공 가 23번지에 위치한 고층 아파트를 임대하여 북향 다락방을 작업실로 꾸몄다. 요리를 비롯한 기타 집안일은 충실한 가정부 베르나르 부인이 도맡았다.

하지만 이 다락방은 세잔의 성에 차지 않았다. 시골 작업실을 구하던 그는 엑상 프로방스에서 북쪽으로 약 1킬로미터 떨어진 돌 많은 시골길 언덕(수채화 〈슈망 드 로브 : 꺾어진 길〉의 소재가 된 곳이기도 하다)에 있는 소박한 건물을 구입했다. 현지 건축가에게 의뢰해 이전 건물을 허물고 전용 작업실로 개조한 이곳에서 세잔은 예술에 대한 집념을 불태웠다. 그리고 마침내 1905년, 더 이상 그를 방해하는 것이 아무것도 없는 상황에서 10년 동안 공들인 〈목욕하는 사람들〉을 완성했다.

1906년 10월 15일, 들판에 나가 작품에 몰두하던 세잔은 격렬한 비바람에 휩싸였다. 세잔은 발작을 일으켜 쓰러졌지만, 다행히 산책 중이던 한 남자에게 발견되어 집으로 옮겨졌다. 다음 날 화가는 정원사 발리에의 초상화를 완성하기로 결심하고 자리에서 일어났다. 하지만 작업을 시작하자마자 몸이 좋지 않아 침대에 누워야 했고, 다시는 일어나지 못했다. 그는 1906년 10월 22일에 세상을 떠났다. 관계가 소원해진 아내와 아들 폴이 파리에서 급하게 내려왔지만 이미 때는 늦었다. 세잔이 평생에 걸쳐 여러 차례 몸을 실던 급행열차가 그의 마지막 순간에는 연착한 셈이었다.

▼ 프랑스, 마르세유

살바도르 달리, 초현실주의로 맨하탄을 접수하다

Salvador Dalí, 1904~1989

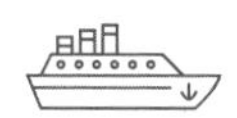

엘 살바도르El Salvador(스페인어로 구세주를 뜻함—편집자), 즉 신성한 구세주인 예수 그리스도의 이름을 딴 살바도르 달리는 자신을 '고대와 현대를 막론한 모든 악덕으로부터 예술을 구하는 구세주'라고 선포했다. 7살 때 나폴레옹이 되겠다는 꿈을 품었던 예술가가 가질 법한 자만심이었으나, 콧수염을 기른 이 초현실주의자는 곧 살바도르 달리 자체로서 충분함을 깨달았다고 한다.

달리는 바르셀로나에서 약 130킬로미터 떨어진 스페인 지로나 지방의 피게라스에서 태어났다. 그의 고향인 카탈루냐의 풍경은 수많은 명작의 배경이 되었는데, 특히 달리가 50년 넘게 살았던 어촌 마을 카다케스가 있는 캅 데 크레우스에서 레스타르티트까지 이어지는 해안이 그 중심이었다. 예를 들어, 〈섹스 어필의 유령〉은 카다케스 만의 울퉁불퉁한 바위를 사진과 같이 사실적으로 묘사하면서도 동시에 환상적이고 초현실적인 느낌으로 표현한 작품이다. 하지만 같은 나라 출신이자 동시대 화가인 파블로 피카소처럼, 달리 역시 예술적 경력을 쌓기 위해 스페인을 떠나야 했다. 스물두 살에 파리로 이주한 달리는 피카소 덕분에 몽파르나스에서 매주 모임을 가질 수 있었고, 독일 화가 막스 에른스트, 프랑스 소설가 앙드레 브르통, 프랑스 시인 폴 엘뤼아르 등 전위적인 부조리주의자들과 함께 초현실주의 예술가 및 작가 그룹에 합류하게 된다. 그 중 '갈라'라는 별명으로 불리던 엘레나 디 아코노바는 달리의 마음을 사로잡았고, 이후 평생의 뮤즈이자 동반자가 되었다.

엘레나는 러시아 출신으로, 그와 어울리던 시인 폴 엘뤼아르의 아내였다. 그러나 다른 예술가의 아내를 유혹하는 것은 초현실주의자들 사이에서는 상대적으로 사소한 비행에 불과했다. 정작 달리가 초현실주의자 그룹에서 추방된 이유는, 그가 점점 과대망상적인 발언을 하고 아돌프 히틀러를 공개적으로 지지하는 듯한 태도를 보였기 때문이었다. 초현실주의자 대부분이 좌파 성향을 가진 상황에서 달리의 이런 태도는 받아들여지기 어려웠던 것이다. 달리가 도발을 의도한 것인지 여부는 알 수 없다. 어쨌든 그 무렵 달리는 미국을 발견했고, 뉴욕으로 떠난 첫 번째 여행 이후 곧장 재정적 성공을 경험하기 시작했다. 달리의 뻔뻔한 탐욕은 곧 초현실주의 동료들로부터 조롱을 받았고, 브르통은 그의 이름 글자의 순서를 재배열하여 '아비다 달러'(달러를 밝히는)라는 아나그램마저 만들었다. 잔인하기는 했지만 이 조롱은 적중했다. 말년에 달리는 알카셀처(미국에서 판매되는 소화제 —편집자) 광고에까지 출연했으니 말이다.

michele
varian

대서양을 횡단하는 달리의 오디세이는 브래지어에 관한 최초의 특허를 보유했던 미국의 막강한 사교계 인사, 보헤미안이며 출판업자이고 예술 후원자였던 카레스 크로스비Caresse Crosby에 의해 시작되었다. 달리와 갈라는 초현실주의 작가 르네 크레벨의 소개로 파리에 머물던 크로스비를 알게 되었고, 보스턴 출신의 부자 친구가 소유한 에르메농빌 숲 속의 프랑스 시골집 르 물랭 뒤 솔레에서 주말을 즐기게 되었다. 달리가 자서전《살바도르 달리의 비밀스러운 삶》에서 회상했듯이, 그들은 축음기에서 끊임없이 흘러나오는 콜 포터의 '밤과 낮'(콜 포터가 작곡한 대표적인 스탠더드 재즈 곡 중 하나 —편집자)을 배경으로, 〈뉴요커〉와 〈타운 앤 컨트리〉 같은 잡지를 뒤적이며 미국의 이미지를 접했다. "말하자면, 곧 맛보게 될 감각적인 식사의 냄새를 처음 맡았을 때의 충만한 느낌으로 미국에 대한 냄새를 맡게 된 것이다."

전기작가 메러디스 에더링턴 스미스에 따르면, 달리는 미국의 모습에 매료되었지만 '바다를 건너 말이 통하지 않는 나라로 여행한다는 생각'에 '두려움으로 굳어' 버렸다. 하지만 곧 선구적인 아트딜러 줄리앙 레비와 함께 개인전을 기획하게 되었다. 레비는 1932년 1월 뉴욕 매디슨 애비뉴 602번지에 위치한 자신의 갤러리에서 미국 최초의 초현실주의자 전시회를 열었던 인물로, 당시 전시에 장 콕토, 막스 에른스트의 작품과 함께 달리의 상징적인 그림인 〈기억의 지속성〉을 포함시켰다. 여비 마련을 위해 돈을 내놓겠다는 피카소 덕에 크로스비는 마침내 달리와 갈라를 설득해 1934년 11월 7일 르아브르에서 뉴욕으로 항해하는 SS 샹플랭호에 함께 승선할 수 있었다. 이를 통해 달리는 자신의 그림이 미국으로 운송되는 과정을 직접 감독하는

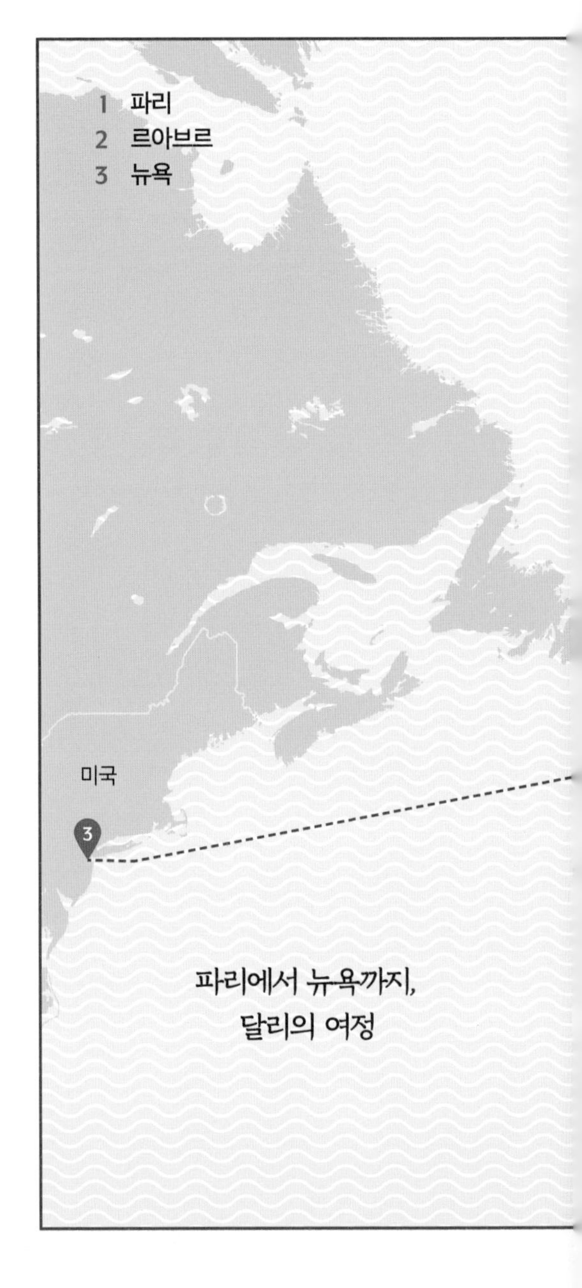

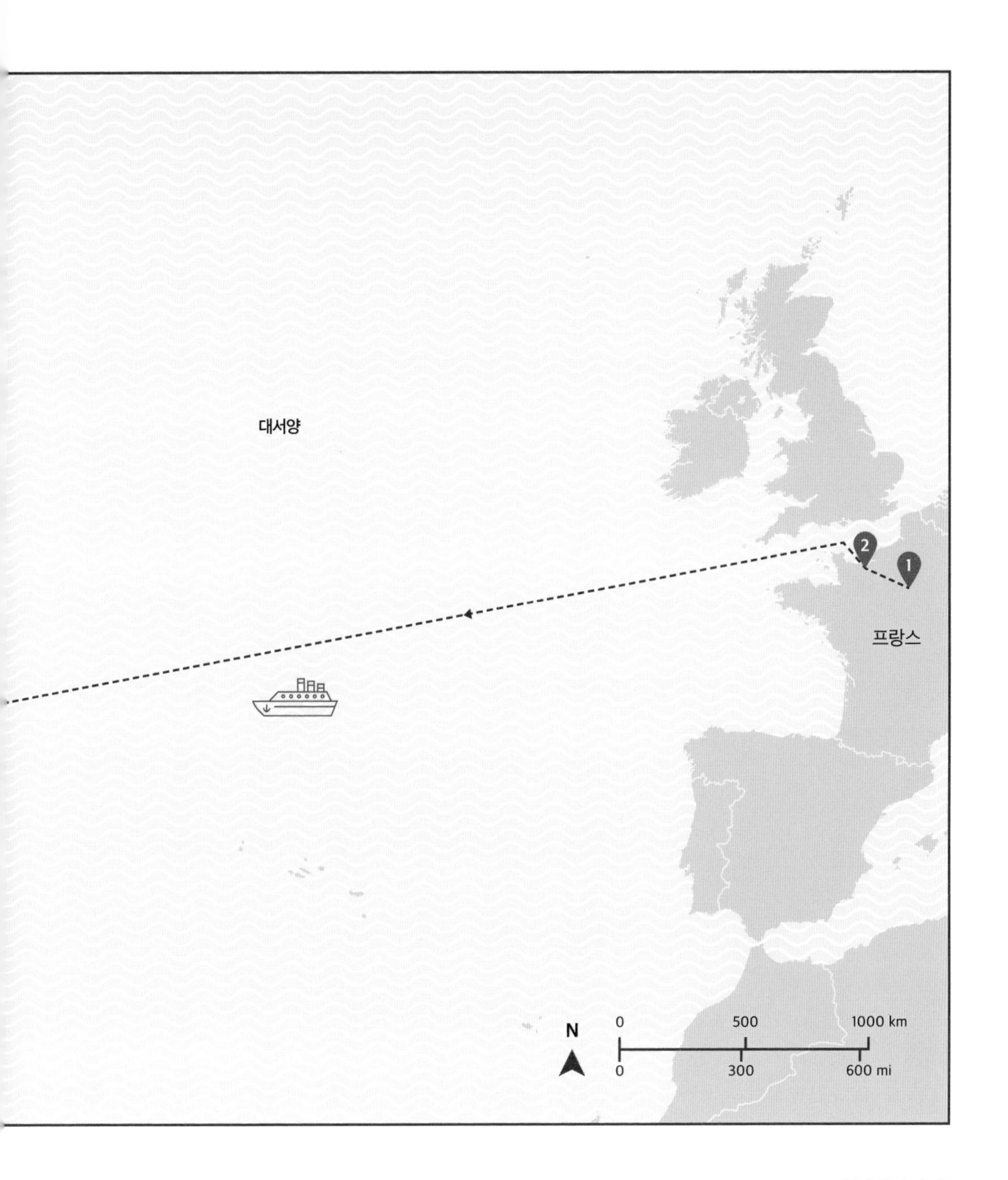

◀ 앞페이지 : 뉴욕

것은 물론 11월 21일에 열리는 전시회에도 참석할 수 있게 되었다.

출발 당일, 연락 열차에서 달리 부부를 만나기로 했던 크로스비는, 달리가 엔진과 가까운 3등 칸에서 자신의 캔버스에 둘러싸여 몸을 끈으로 묶은 채 웅크리고 있는 것을 발견했다. 그는 도둑들이 자신의 귀중한 그림을 훔쳐갈까 봐 두려워하며, 식당 칸에서 제공하는 점심 식사조차 거부했다. SS 샹플랭 호에 탑승한 후에도 달리는 안정을 취하지 못했다. 항해 내내 3등실 선실을 거의 벗어나지 않았으며, 갑판에 올라갈 때마다 코르크 구명조끼를 입겠다고 고집했다. 크로스비의 저녁 식사 초대를 받고 일등석 테이블에 왔을 때, 두 사람은 외투를 걸친 모습이었는데 심지어 달리는 그 안에 모직 스웨터를 여러 벌 걸치고 손에는 장갑까지 끼고 있었다.

그럼에도 불구하고 달리는 도착하자마자 큰 화제를 불러일으키기 위해 '뉴욕이 나에게 경례한다!'라고 적힌 전단지를 배포할 계획을 세웠다. 스캔들에 가까운 연애사나 터무니없는 패션 스타일 못지않게 마케팅에 능숙했던 크로스비는 사교계 가십을 찾아 헤매는 기자들을 불러 모았다. 기자들이 도착했을 때, 섹시한 검은 벨벳 스커트를 입고 두 마리의 검은 휘핏(경주견의 일종)을 옆구리에 낀 크로스비 옆에는 달리가 서 있었다. 달리는 캔버스를 감싸고 있던 종이를 찢어 아내의 초상화를 공개한 후 양쪽 어깨에 양고기가 달린 갈라를 그린 이유에 대해 설명하기 시작했고, 크로스비가 통역을 맡았다. 갑작스러운 현대 예술 강의에 당황하면서도 재미있어하는 기자들의 반응이 이어졌다. 그날 밤 〈뉴욕 이브닝 저널〉에 '어깨에 양고기를 두른 화가'라는 제목으로 보도된 기사가 대표적이다. 이 모든 것이 달리가 순식간에 화제의 인물이 될 수 있도록 도와주었다. 주요 작품 22점과 기타 소품(여러 가지 석고 모형과 죽은 파리 한 마리가 들어 있는 잔으로 장식된 '에로틱한' 디너 재킷 등)으로 구성된 전시회는 비평가와 대중에게 즉각적인 인기를 끌었다. 폐막일인 12월 10일 밤에는 뉴욕의 스페인 문화 중심지인 카사 데 라스 에스파냐에서 성공을 축하하는 파티가 열렸다. 달리는 맨해튼 미드타운 6번가 동쪽에 있는 센트럴 파크 사우스 50번지에 있는 호텔 세인트 모리츠에 묵기로 했는데, 당시 오픈한 지 4년밖에 되지 않은 이 호텔은 뉴욕에서 가장 현대적이고 국제적인 호텔 중 하나로 꼽혔다. 크로스비가 열어본 이 커플의 다이어리에는 뉴욕의 화려한 사교계 인사들과의 약속이 가득했다.

12월 18일 달리는 맨해튼을 떠나 코네티컷 주 하트포드로 잠시 여행을 떠났고, 워즈워스 홀에서 연설을 했다. 1935년 1월 11일, 그는 뉴욕 현대미술관에 나타나 예술에 대한 자신의 접근 방식을 개괄적으로 설명했으며, 몇 달 후 자신만이 초현실주의의 진정한 기수라는 확신을 더욱 확고히 했다.

1월 19일 SS 일 드 프랑스 호를 타고 미국을 떠날

▶ 1934년, SS 샹플랭 호를 타고 뉴욕에 도착한 달리와 갈라의 모습

예정이었던 달리는 크로스비의 도움을 받아 출항 전날 밤 이스트 56번가 65번지에 있는 고급 레스토랑인 르 콕 루즈에서 호화로운 가장무도회를 개최했다. 티켓을 구입하고 음식과 음료를 직접 사 와야 했던 손님들은 꿈속에서나 볼 수 있는 복장을 한 채 참석해야 했고, 행사 전체가 '더 드림 볼'로 명명되었다. 레스토랑의 직원들은 초현실주의적인 분장을 했는데, 소품과 의상은 달리와 크로스비가 현지잡화점에서 구입한 것이었다. 웨이터는 페이스트 티아라를 쓰고 서빙했고, 도어맨은 뾰족한 모자 대신 분홍색 장미 화환을 썼다. 레스토랑에 입장하려면 리본으로 묶인 45킬로그램의 얼음 덩어리를 통과해야 했으며, 그러고 나면 속이 비어있는 소의 사체 속 축음기에서 프랑스 노래가 흘러나오는 광경이 예비 손님과 댄서들을 맞이했다.

달리는 머리에 붕대를 감은 시체 분장을 하고선 섬뜩한 광경을 연출했다. 갈라 역시 검은 머리 장식에 찢어진 인형, 상처 입은 이마에 개미 그림, 두개골에 박힌 랍스터의 발톱 등으로 만만치 않게 섬뜩해 보였다. 달리는 아내의 의상이 프로이트 콤플렉스를 표현한 것이라고 주장했지만, 다른 사람들은 이 작품을 비행사 찰스 린드버그의 아들 납치 및 살해 사건에 대한 일종의 성명서로 받아들여 매우 비판적으로 보았다. 그러나 사건은 곧 잊혀졌고 홍보 측면에서 이 무도회는 또 다른 성공으로 여겨지게 되었다. 파리에 잠시 들른 후 두 사람은 카다케스로 향했고, 그곳에서 달리는 곧장 〈초현실주의자의 아파트에 쓰일 수도 있는 메이 웨스트의 얼굴〉 같이 매혹과 욕망을 반영한 그림 작업에 착수했다.

2년 후 달리는 뉴욕으로 돌아왔고, 훨씬 더 열광적인 환영을 받았다. 만 레이가 촬영한 달리의 얼굴이 그가 처음으로 미국에 눈을 뜨게 해 준 유명 잡지 〈타임〉지의 표지를 장식했다. 2차 세계대전이 발발하자 달리는 1940년(MoMA에서 첫 회고전을 개최한 해)부터 1948년까지 뉴욕을 고향으로 여기며 살게 된다. 그 후 40년 가까이 뉴욕에서 겨울을 보냈으며, 이스트 55번가에 있는 세인트 레지스 호텔의 개인 스위트(1610호실)에 머물렀다. 직원들과 일반 대중은 매년 그가 도착했다는 소식을 전단지가 아니라, 달리 자신이 로비 문을 열고 들어서며 "달리가 … 여기 있다!"라고 외치는 소리로 알 수 있었다.

미국에서의 인기를 설명해 달라는 요청을 받은 화가는 섹스와 죽음에 대한 그의 집착, 그리고 시계라는 소재가 열쇠라고 주장했다. 그에 따르면, "미국인들이 가장 사랑하는 것은 무엇보다도 피다. 위대한 미국 영화, 특히 역사적인 영화를 보면 영웅들은 가장 가학적인 방식으로 구타당하며 진정한 피의 난교를 목격하는 장면이 항상 있다. 둘째, 흘러내리는 시계다. 왜냐고? 미국인들은 끊임없이 시계를 확인하기 때문이다. 언제나 끔찍할 정도로 서두르는 그들의 시계는 끔찍하게 뻣뻣하고 거칠고 기계적이다. 그래서 흘러내리는 시계를 그리자마자 성공을 거둘 수 있었다!"

◀ 뉴욕

마르셀 뒤샹, 부에노스아이레스에서 체스에 집착하다

Marcel Duchamp, 1887~1968

개념 미술의 대부로 불리는 마르셀 뒤샹은 미래주의와 입체주의를 거쳐 초현실주의에 이르기까지, 20세기 초 주요 모더니즘 예술 사조와 밀접한 관련이 있는 작가다. 뒤샹은 1912년 〈자전거 바퀴〉라는 제목으로 평범한 자전거 바퀴를 전시하면서 '레디 메이드'라는 개념을 개척했다. 5년 후 'R. Mutt'라고 적힌 소변기를 뉴욕 독립예술가 협회의 첫 번째 연례 전시회에 출품하여 또 다른 논란을 일으켰다. 주최 측은 이 작품을 거부했는데 이는 오히려 뒤샹의 명성을 높이는 결과로 이어졌다.

제1차 세계대전이 발발하자 병역 면제를 받은 뒤샹은 1915년 파리를 떠나 대서양을 건너게 된다. 그가 뉴욕에 도착한 지 2년, 대서양에서 독일 잠수함의 미국 선박에 대한 공격이 재개되자 고립주의를 표방하던 미국이 마침내 전쟁에 참전했다. 1918년 8월 14일, 뒤샹과 절친한 친구 화가 장 크로티의 전처였던 연인 이본 샤스텔은 작고 느린 증기선을 타고 부에노스아이레스로 향하기 위해 뉴욕 항에서 출항한다. 이때도 전쟁으로 인한 공격의 위험은 여전했는데, 실제로 SS 크로프턴 홀 호가 뉴욕 항을 떠난 지 얼마 되지 않았을 때 승객들은 뉴저지 주 애틀랜틱 시티에서 불과 몇 킬로 떨어진 곳에서 다른 미국 선박이 어뢰 공격을 받았다는 소식을 들었다. 어쨌든 27일간의 항해는 무사히 끝났다. 뒤샹은 배가 바베이도스에 정박했을 때 보낸 편지 중 한 편에서 뱃멀미를 전혀 겪지 않았고, 항해가 즐거웠으며, 파도는 느리고 잔잔했고, 쉬는 시간에는 서류를 정리하면서 시간을 보냈다고 적었다. 뉴욕의 모든 사람들은 뒤샹의 행선지를 알고 나서 놀라움을 금치 못했다. 뒤샹은 스페인어를 전혀 할 줄 몰랐고 아르헨티나에 아는 사람이라고는 한 명도 없는 것처럼 보였기 때문이다. 그는 한 인터뷰에서 가족의 친구가 부에노스아이레스에서 매춘 업소를 운영했고, 그래서 남쪽으로 향했던 것이라 주장한 적이 있다. 그러나 도발적인 냄새를 희미하게 풍기는 이 이야기의 진위는 확인된 적이 없으며, 기자에게 자극을 주기 위해 즉석에서 생각해 냈을 가능성이 크다.

뒤샹은 미래지향적인 미국인 예술가이자 여성 참정권 운동가, 학자, 후원자였던 캐서린 드레이어에게 작품 의뢰를 받은 돈으로 여행 자금 일부를 충당했다. 부유한 시인이자 미술품 수집가인 월터 아렌스버그와 더불어 뒤샹의 가장 충성스러운 후원자 중 한 명이었던 드레이어는 자신의 서재에 걸 새 그림을 요청했

미국
뒤샹의 부에노스아이레스 항해
아르헨티나
1 뉴욕
2 부에노스아이레스
N
0
500
1000 km
0
300
600 mi

다. 이 의뢰를 받은 뒤샹은 샤스텔의 도움을 받아 6개월이 넘는 기간 동안 밝은 노란색에서 옅은 회색까지 이어지는 색채 스펙트럼 선을 중심으로 그림을 그렸다. 색 스펙트럼의 옆으로는 자전거 바퀴, 모자 받침대, 코르크 마개 등 뒤샹의 이전 레디 메이드 작품(사전 제작된 상용품이나 일상의 물체를 예술의 맥락으로 전시하는 것 —편집자)과 비슷하게 보이는 그림자가 그려져야 했다. 하지만 이 작품은 탄생과 동시에 작가 스스로에게 실망감을 안겨주었다. 그는 나중에 이 작품이 자신의 마지막 그림이 될 것이라며, '당신은 나를 지루하게 한다' 정도로 번역되는 투박한 프랑스어 표현인 'Tu m'ennuie'의 축약어 〈Tu m'〉이라는 제목을 붙였다.

〈Tu m'〉이라는 제목의 이 작품이 회화 작업에 대한 포기를 예고했다면, 출국 한 달 전 고무 수영모자 조각으로 가지고 완성한 또 다른 레디 메이드 작품은 그의 마음 상태를 보여주었다. 여러 가지 색의 거미줄을 묘사한 이 작품을 두고 뒤샹은 〈여행을 위한 조각〉이라 불렀다.

뒤샹에게 아르헨티나의 가장 큰 매력은 아마도 중립국이라는 점이었을 것이다. 스스로 군사주의와 애국심이 부족하다고 고백하며 프랑스를 떠났던 그는 1차 세계대전 참전 이후 미국에서 점점 더 군사주의와 애국주의가 강해지는 것을 지켜보았다. 한편, 예술가였던 뒤샹의 형 자크와 레이몽은 모두 입대했다. 오귀스트 로댕의 충동적인 면모와 입체파의 혁신을 결합한 작품으로 새로운 영역을 개척한 재능 있는 조각가 레이몽은 뒤샹과 마찬가지로 건강상의 이유로 징집 면제 대상이었다. 하지만 그는 기병대 의무 부사관으로 입대했고, 1918년 10월 7일 자신이 치료하던 부상병에게서 감염된 연쇄상구균에 의한 혈액 중독으로 사망했다. 뒤샹은 부에노스아이레스에서 형의 사망 소식을 들었다.

뒤샹은 친구 플로린 스테트하이머에게 이별 선물로 자신의 여정을 점선으로 표시한 아메리카 대륙 지

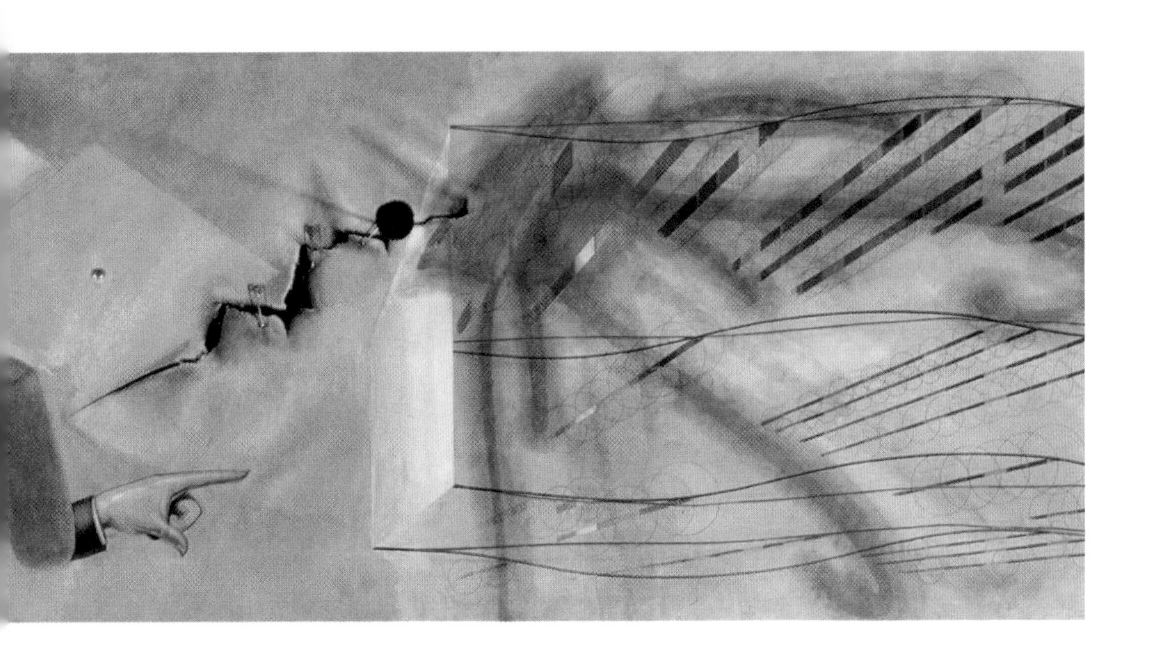

도를 그려주었는데, 이 지도에는 물음표로 끝나는 점선과 함께 아르헨티나에서의 예상 체류 기간이 '27일+2년'이었다는 나름 정확한 수치로 표시되어 있었다. 그는 장 크로티에게 "그곳에 오래 머물 의향이 있다…. 몇 년이 될 가능성이 매우 높다…. 즉, 기본적으로 이곳과는 완전히 결별한다는 뜻이다."라고 썼다.

부에노스아이레스에 도착하자마자 뒤샹과 샤스텔은 1743 알시나에 있는 건물 2번 방을 빌렸다. 이 방은 오늘날에도 여전히 남아 있다. 뒤샹은 또한 1507 사르미엔토에 있는 주택의 다른 방을 스튜디오로 사용했는데, 이 방은 아이러니하게도 산 마르틴 문화 센터의 증축을 위해 훗날 철거되었다.

드레이어는 그들을 따라 부에노스아이레스로 향했지만, 그녀와 샤스텔, 그리고 실제로 뒤샹 자신도 아르헨티나 사회의 마초주의, 특히 밤 문화에 불쾌감을 느꼈다. 뒤샹은 부에노스아이레스의 많은 행사에서 여성이 배제되는 것에 대해 언급하면서 '남성들의 무분별한 무례함과 어리석음'에 대해 글을 쓰곤 했다. 그러나 그는 또한 '숨쉬기 좋은 평화의 향기와 지방의 평온함이 있어 작업을 허하고, 심지어 강요하는 곳'이라고 덧붙이며 자신의 예술 활동에 적합한 장소라고 고백했다.

1918년 크리스마스 직전, 유럽에서 전쟁이 끝난 뒤에도 뒤샹은 아르헨티나에서의 생활에 만족스러워했고, 프랑스에 돌아가는 것을 서두르지 않았다. 그는 "부에노스아이레스는 존재하지 않는다. 이곳은 취향이라고는 없는 매우 부유한 사람들이 사는 큰 지방 도시에 불과하다. 그들의 집을 짓기 위한 돌을 포함한 모든 것들은 유럽에서 들여온 것이다. 여기에서는 아무것도 만들어지지 않는다…. 뉴욕에서 완전히 잊고 있던 프랑스 산 치약을 발견했다."라고 썼다. 하지만 동시에 "기본적으로 일하는 즐거움을 찾을 수 있

▲ *Tu m'*, 1918

LA NACION
ARGENTINA
A

는, 완전히 다른 삶을 찾게 되어 매우 행복하다."라고도 말했다.

부에노스아이레스에서 시작했던, 그러나 실현되지 않은 뒤샹의 프로젝트 중 하나는 아르헨티나에서 최초로 큐비즘 전시회를 개최하는 것이었는데, 이는 남미의 낙후된 미술계를 뒤흔들려는 시도였다. 그는 친구인 앙리 마르탱 바르준에게 전시할 작품 30점을 선정해 달라고 부탁했지만, 작품을 운송하고 적절한 현지 갤러리를 찾는 등의 현실적인 문제로 무산되었다.

그의 편지에서 알 수 있듯이 뒤샹은 부에노스아이레스에서 부지런히 작업에 임했다. 이 기간 동안 그는 세 개의 작품을 제작했는데, 그중 두 작품은 시視지각에 대한 아이디어를 실험한 광학 실험이었다. 첫 번째 작품인 〈핸드 스테레오스코피〉는 뒤샹이 피라미드를 그려 넣은 바다 풍경 사진 두 장으로 구성되었으며, 스테레오 뷰어에 넣으면 마치 물 위에 떠 있는 듯한 느낌을 준다. 두 번째 작품인 〈유리의 반대편에서 한 눈으로, 가까이서, 거의 한 시간 동안 바라보기〉는 뒤샹이 뉴욕에서 매달리던 에칭 유리 조각 작업의 작은 변형으로써, 피라미드 모양과 금속 스트립으로 패턴화된 유리판과 관객이 들여다볼 수 있는 중앙의 '렌즈' 구멍으로 구성되었다. 부에노스아이레스에서의 최종 결과물은 여동생 수잔과 크로티의 결혼 선물로 줄 레디 메이드 작품이었다. 〈불행한 레디 메이드〉라는 제목의 이 작품에는 부부가 아파트 발코니에 기하학 교과서를

◀ 부에노스아이레스

걸어두면 바람이 방정식을 풀고 페이지를 넘기거나 찢을 수 있도록 하는 지침이 딸려 있었다. 신혼부부는 뒤샹의 소원에 따라 그 자리에서 책 사진을 찍었지만, 아쉽게도 이 작품은 파리의 날씨에서 오래 견딜 수 없었고, 스냅 사진만이 이 작품의 유일한 기록으로 남았다.

한편, 체스에 대한 집착이 점점 커지면서 뒤샹은 미술에 소홀해지고 있었다. 어렸을 때 형들로부터 체스를 배웠던 뒤샹은 1911년에는 레이몽과 자크가 체스판 위에서 서로 마주 보고 있는 연작을 그리기도 했다. 뉴욕에서 그는 후원자 월터 아렌스버그와 정기적으로 게임을 즐겼고, 한 단계 더 나아가 1916년에는 당시 뉴욕 워싱턴 스퀘어 근처에 있던 명망 높은 마샬 체스 클럽에 가입하여 새벽까지 게임에 몰두하기도 했다. 하지만 그의 표현대로 진정한 '체스 마니아'가 된 것은 부에노스아이레스에서였다. 아마도 체스 선수였던 형을 잃은 슬픔을 극복하기 위한 방편이었으리라 짐작된다.

그렇게 그는 집요하게 체스를 두기 시작했다. 어느 날 지역 서점에서 체스 관련 서적을 샅샅이 뒤지던 뒤샹은, 남미 체스계의 거장 중 한 명이자 1914년 여름 부에노스아이레스를 방문해 일련의 시범 경기와 동시 대국을 펼친 쿠바의 체스 선수 호세 라울 카파블랑카의 게임에 관한 기사를 스크랩해 두었다. 그리고 833 캉갈로에 본부를 둔 클럽 아르헨티노 데 아헤드레즈에 입단하여 가장 뛰어난 선수 중 한 명에게 레슨을 받기 시작했다.

뒤샹은 아렌스버그에게 편지를 보내 "내 주변의 모든 것이 기사나 여왕의 형상을 하고 있으며, 외부 세계는 승패에 따른 변화 외에는 나에게 다른 관심을 불러일으키지 않는다."라고 고백했다. 다른 특파원에게는 더 빨리 편지를 보내지 못한 것에 대해 사과하면서 "내 관심은 체스에 꽂혀있다."며 시간이 없었다고 해명하기도 했다. 그는 밤낮을 가리지 않고 체스를 두었는데, 올바른 수를 찾는 것보다 더 흥미로운 일은 없는 듯 보였다. 그림 그리는 일은 점점 줄어들고 있었다.

이듬해 3월, 샤스텔은 이런 상황에 지루함을 느껴 프랑스로 떠났다. 한 달 뒤, 드레이어 또한 뒤샹이 부에노스아이레스에서 남긴 몇 안 되는 예술적 결실과 새로 키우던 애완용 앵무새를 데리고 뉴욕으로 돌아갔다. 한편 뒤샹은 1919년 6월까지 버티다가 사우스햄튼과 르아브르로 향하는 영국 선박 SS 하이랜드 프라이드 호의 승선권을 예약했다. 유럽으로 돌아가는 항해는 한 달 동안 지속되었다. 뒤샹은 런던에서 사흘을 보낸 후 프랑스 땅으로 돌아올 계획을 세웠고, 런던에 도착한 후에는 루앙에 있는 부모님의 집으로 향했다. 그는 4년 동안 집을 비운 상태였다.

수학적 정밀함이 돋보이는 작품으로 유명한 예술가였던 뒤샹은 아르헨티나에서 돌아와 결국 예술과 체스가 크게 다르지 않다는 생각을 하게 된다. 1920년대에 이르자, 체스는 뒤샹의 삶에서 예술을 대체할 수 있을 만큼의 지위를 차지했다. 그 무렵 뒤샹은 체스가 사실상 예술의 한 형태이며, 체스가 시와 같은 시각적, 상상적 아름다움을 지니고 있다고 믿게 되었다. 뒤샹의 정의에 따르면 체스는 예술적 표현의 수단이 되었다. 1952년 뉴욕주 체스 협회 연설에서 "예술가 및 체스 선수들과의 긴밀한 접촉을 통해 모든 예술가가 체스 선수는 아니지만 모든 체스 선수는 예술가라는 개인적인 결론에 도달했다."라고 말하며 체스를 예술로 정의했다.

▶ 부에노스아이레스

알브레히트 뒤러, 네덜란드에서 고래를 꿈꾸다

Albrecht Dürer, 1471~1528

미술사학자 노르베르트 볼프는 최초의 국제적 예술가로 불리는 알브레히트 뒤러의 업적은 오로지 레오나르도 다빈치에만 비견할 수 있다고 언급했다. 1500년대를 흔히 '뒤러의 시대'라고 부를 정도로, 독일의 국민적 위인으로서 그의 중요성은 매우 크다. 게르만 세계에서는 그를 기준으로 중세가 종식되고 르네상스 시대가 열렸다고 할 수 있다.

볼프가 언급했듯이 뒤러는 '자신의 삶에 대해 글을 쓰고' '자화상에 자율성을 부여한' 최초의 독일 예술가로서 동판화, 목판화, 수채화 및 유화를 예술적이고 기술적인 차원으로 끌어올리는 데 기여했다. 그는 10대 시절 아버지의 공방에서 금 세공 견습생으로 일하면서 은 조각을 익혔다. 하지만 그는 그림에 더 관심이 많다고 가족을 설득한 뒤, 곧장 예술가로 활동을 시작했다. 특히 1520~1521년 네덜란드 여행 중에 완성한 〈성 제롬〉은 그의 기량이 절정에 달했을 때 제작된 작품으로, 이후 네덜란드 미술의 시금석이 되었으며 16세기에 그 어떤 작품보다도 많이 복제되었다. 그러나 개인적, 직업적으로 많은 볼거리를 제공한 이 네덜란드 여행은 결과적으로 이 예술가에게 치명적인 영향을 끼쳤다.

1471년 5월 21일 독일 뉘른베르크에서 태어나 아버지의 이름을 따서 알브레히트라는 이름을 가지게 된 뒤러는 여행을 좋아했다. 그의 방랑벽이 본격화된 것은 열아홉 살 무렵으로, 예술 교육을 위해 당시 독일의 인쇄 중심지였던 프랑크푸르트와 마인츠를 거쳐 알자스와 바젤까지 여행한 것이 시작이었다. 뒤러는 바젤에서 자리를 잡고 당시 큰 성공을 거둔 세바스찬 브란트의 책 《바보들의 배》 등의 목판화 삽화를 제작했으며, 1494년 5월에는 뉘른베르크로 돌아와 결혼했다. 그러나 불과 몇 달 후 다시 여행길에 올라 이탈리아, 특히 베니스로 떠났고, 결혼 생활의 대부분을 집을 비운 채로 지내게 된다. 하지만 1520~1521년의 여정은 달랐다. 이번 여행에는 아내 아그네스가 동행했기 때문이었다.

두 사람의 결혼은 결코 사랑의 결실이 아니었다. 뒤러의 아버지는 뉘른베르크에서 가장 큰 가문 중 한 곳과 동맹을 맺기 위해 결혼을 주도했다. 결국 그 동맹은 아무런 결과도 가져오지 못했지만 말이다. 당시 뉘른베르크에서 남성 간의 성관계는 사형에 처해질 수 있는 범죄였음에도, 뒤러가 동성애자라는 의혹이 오랫동안 제기되어 왔다는 사실은 두 사람의 결혼생활을 짐작하게 해 준다. 게다가 뒤러의 네덜란드 여행은 주된 동기가 돈이었기 때문에, 때늦은 두 번째 신혼여행이라고 생각하기에는 무리가 있다.

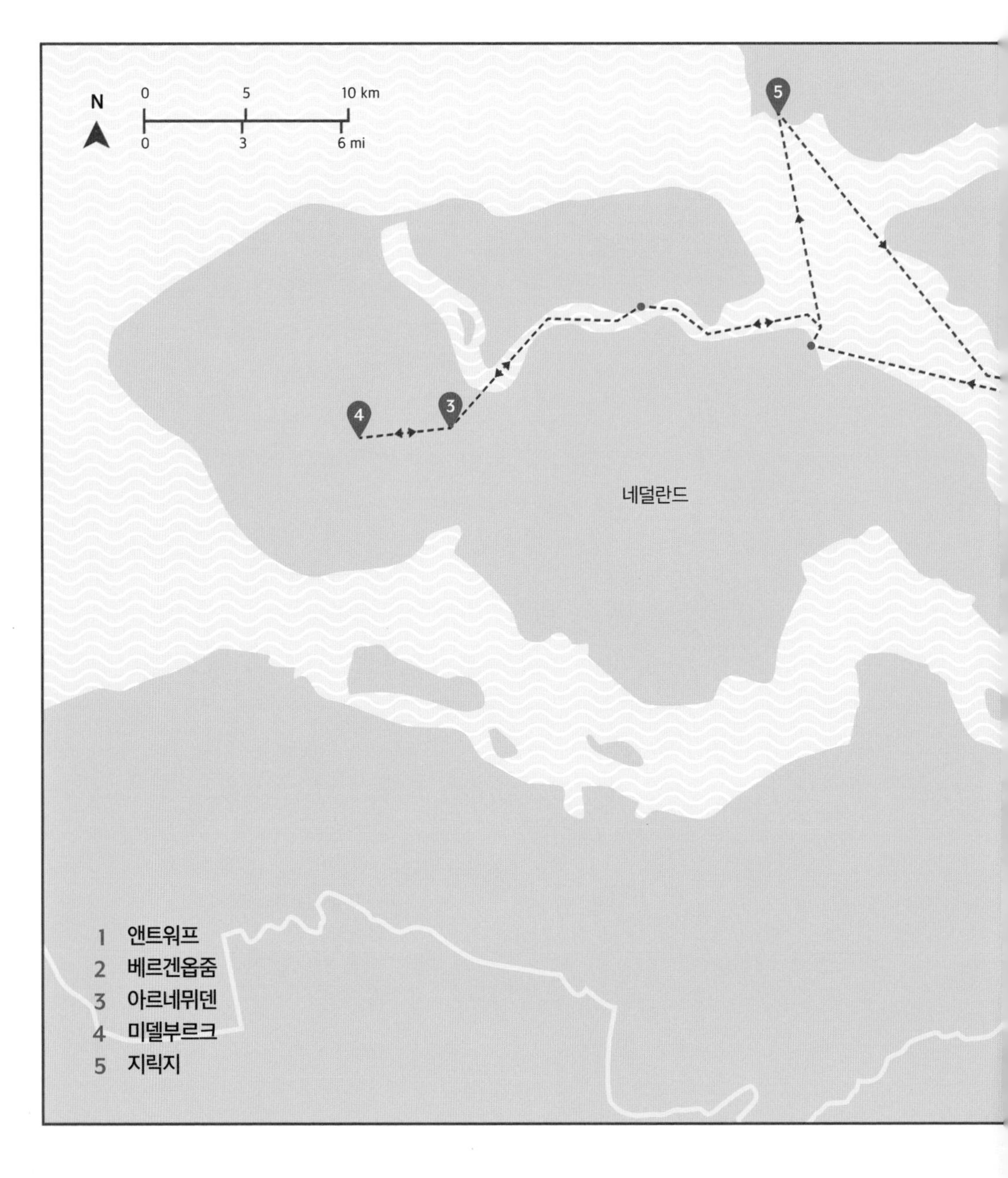

◀ 앞페이지 : 벨기에, 앤트워프

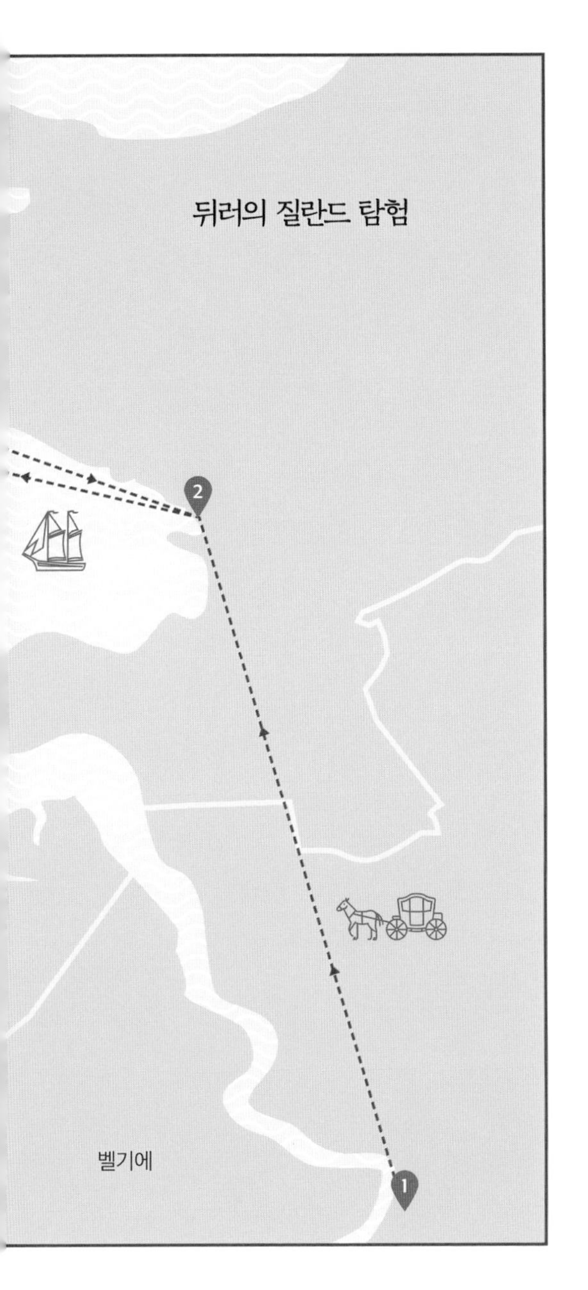

1515년 신성로마제국 황제 막시밀리안 1세는 뒤러의 공로를 인정해 평생 연금을 지급하기로 결정했다. 그런데 4년 후 막시밀리안이 사망하고 그의 손자 카를 5세가 황제의 자리를 이어받자, 새로운 정권 하에서 기존의 재정적 계약이 유지될지 확신할 수 없었던 뒤러는 독일 아헨에서 열리는 카를의 대관식에 참석하기로 결심한다. 그리고 뉘른베르크의 공식 대표단에 합류하는데, 황제에게 연금을 계속 받을 수 있도록 직접 압력을 행사하여 후속 조치를 취하고자 한 것이다.

뒤러에게는 만약 이 계획이 결실을 맺지 못하더라도, 새로운 작품 의뢰를 할 만한 부유한 고객을 확보하겠다는 또 다른 목표가 있었다. 아메리카 대륙의 보물이 대서양을 건너 벨기에의 리스본과 앤트워프로 유입되면서 플랑드르(현재의 벨기에, 네덜란드, 그리고 프랑스의 북부 일부를 포함하는 넓은 지역 —편집자)는 신대륙의 돈으로 넘쳐났고, 베니스를 대체할 중요한 지역으로 떠오르고 있었기 때문이다.

뒤러 부부는 1520년 7월 12일 뉘른베르크를 떠났다. 이후 그들은 거의 정확히 1년을 떠돌게 된다. 첫 번째 기착지는 독일 밤베르크로, 뒤러는 지역 주교에게 성모 마리아 그림 두 점과 묵시록 그림 한 점, 그리고 1 플로린 상당의 판화 모음을 선물했다. 이러한 선물은 독실한 종교인이었던 뒤러의 신앙심의 발로처럼 보이지만, 사실 뒤러는 저명인사들에게 작품을 무료로 배포하면 큰 수익을 얻을 수 있다는 사실을 잘 알고 있는 사업가이기도 했다. 따라서 그는 이 기간 내내 빠르게 완성된 스케치, 회화, 판화를 미래의 잠재적 후원자들에게 전달하기 위해 부지런히 움직였다. 밤베르크에서 출발한 뒤러 부부는 근처에 있는 14명의 성스러운 도우미 신전을 순례한 후 앤트워프로 향했다. 주로 배를 타고 마인 강, 라인 강, 마스 강을 따라 이동했으며 도중에 프랑크푸르트, 마인츠, 코블렌츠, 쾰른에서 잠시 쉬어갔다.

1520년 8월 2일 앤트워프에 도착한 뒤러 부부는 다음 달의 대부분을 이 도시에서 보내게 된다. 부부는 앤트워프를 주요 거점으로 삼아 1년 동안 다섯 번이나 이곳을 다시 방문했다. 앤트워프에 대한 뒤러의 첫인상은 매우 호의적이었다. 그는 이곳 사람들의 초대를 수락하고, 잠재 고객과 그들의 하인을 화폭에 담고, 추종자, 동료, 부유한 상인들의 환대를 받으며 도시를 순회했다. 또한 대성당, 성 미카엘 수도원, 부르고마이스터의 새 집을 둘러보고선 이 집이 '모든 독일 땅에서' 가장 고귀한 집이라고 평가했다. 성모승천 대축일 다음 날인 일요일에는 도시를 지나는 행렬에 완전히 매료되었다. 궁수, 기병과 보병, 무역 길드 대표들이 화려한 복장으로 참가했고, 신약성서를 테마로 장식된 마차와 거대한 용 모형, 그 뒤를 따르는 성 조지까지, 이 모든 행렬이 2시간 넘게 계속되었다.

8월 말, 뒤러는 앤트워프를 떠나 벨기에 메헬렌에서 하룻밤을 보낸 후 브뤼셀에 도착하여 며칠을 머물렀다. 그리고 브뤼셀 왕궁에서 에르난 코르테스가 테노치티틀란을 약탈한 후 정복자 카를 5세 황제에게 선물로 바친 아즈텍 유물들, 즉 금으로 만든 귀중한 무기, 마구, 다트, 보석, 성물 등을 둘러보았다. 뒤러는 이국적인 모든 것에 관심이 많았기에 공작의 동물원을 방문하여 사자를 스케치하고, 나소 백작의 진귀한 전시실에 대형 운석과 같은 경이로운 물건이 전시되어 있는 것을 구경했다. 또한 막시밀리안의 미망인 오스트리아의 마가렛 대공비로부터 새 황제에게 연금에 대해 이야기하겠다는 편지를 받았다. 그 후 그는 메헬렌에 있는 그녀의 궁전에서 성 제롬의 조각과 고인이 된 남편의 초상화를 선물하며 감사의 뜻을 전했다. 안타깝게도 이 초상화는 대공비의 승인을 얻지 못했는데, 그녀가 초상화 속 남편의 모습이 형편없다고 판단했기 때문이었다.

뒤러는 대관식으로 향하는 카를 5세의 성대한 입성을 목격하기 위해 앤트워프로 돌아왔고, 1520년 10월 초에는 아헨으로 이동해 10월 23일 대성당에서 '모든 종류의 군주적 화려함'을 장착한 카를이 대관식을 거행하는 것을 지켜보았다. 그 후에는 쾰른으로 이동하여 11월 1일(모든 성인의 날)에 카를의 '춤추는 살롱'에서 열린 귀족들을 위한 연회와 무도회에 참석했다. 경솔하게도 그는 성 우르술라 교회에 가서 순교한 처녀의 무덤과 성스러운 유물들을 구경하고, 프로테스탄트 종교개혁자 마르틴 루터의 전도지를 구입하기도 했다. 이듬해 6월, 뒤러가 다시 앤트워프로 돌아와서 독일 보름스에서 루터가 납치된 후 살해당했다는 소식을 접한 후, 이 개혁가를 애도하는 글을 쓰면서 플랑드르에 있을 때 알게 된 네덜란드 학자 에라스뮈스에게 투쟁을 계속해줄 것을 촉구했다는 학설도 있다.

쾰른에 머무는 동안 뒤러는 마가렛이 카를에게 간청해 준 덕분에 연금을 이전처럼 계속 받을 수 있다는 확답을 받게 된다. 이 반가운 소식에 고무된 그는 독일의 뒤셀도르프와 네덜란드의 니메겐(당시 님베겐), 티엘, 헤르조겐부쉬를 경유하는 경치 좋은 길을 따라 앤트워프로 향했다.

12월 초, 뒤러는 네덜란드의 가장 서쪽에 위치한 질

▶ 상단 : ***베르겐옵줌에서 온 젊은 여성과 늙은 여성***, 1520

▶ 하단 : ***셸데 게이트 착륙***, 1520

란드에서 '길이가 백 패덤이 넘는' 고래가 '큰 파도와 폭풍우에 의해 해변으로 떠밀려왔다'는 소식을 듣는다. 직접 고래를 보고 스케치하고 싶었던 뒤러는 서둘러 질란드로 갈 준비를 한 뒤 12월 3일 성 바바라 전야에 앤트워프를 떠나 로테르담 바로 남쪽에 있는 해안 마을 베르겐옵줌으로 향했다. 해변의 바다 생물에 다가가기 위하여, 배는 베르겐옵줌에서 출발해 그 거대한 '물고기'가 마지막으로 목격된 곳인 지릭지를 목적지로 항해를 시작했다.

그러나 대부분의 승무원이 이미 하선한 상태에서 아르네뮈덴에 상륙할 무렵, 다른 배에 부딪혀서 계류 밧줄이 끊어졌고 갑자기 폭풍까지 불어오는 바람에 배는 항구를 벗어나 망망대해로 떠내려갔다. 다행히 돛을 올리고 배를 다시 해안으로 돌려보내는 데 성공했지만 선장과 뒤러, 그리고 다른 승객 4명은 목숨을 잃을 뻔했다.

결국 뒤러는 고래를 보지 못했다. 배가 지릭지에 도착했을 때 고래는 이미 조류를 따라 떠내려간 뒤였다. 이런 불행에도 불구하고 뒤러는 육지와 바다의 경계가 모호한 데다 물이 건물보다 높은 곳에 있는 질란드의 절벽 풍경에서 아름다움을 느꼈고, 수도원과 멋진 탑, 시청사가 있는 미델부르크 풍경이 스케치하기에 아주 좋다고 생각했다.

앤트워프로 돌아온 뒤 얼마 안 돼 뒤러는 남은 생애 동안 그를 고통스럽게 만든 이상한 병에 걸렸다. 그리고 7년 뒤 쉰일곱 나이로 생애를 마치게 된다. 일부는 이 병이 질란드 염수 늪에서의 불행한 모험 중 감염된 말라리아일 수 있다고 주장한다. 우리가 확실히 알 수 있는 것은 뒤러가 다시는 완전히 건강한 상태로 돌아오지 못했다는 사실뿐이다. 그럼에도 불구하고 그는 1521년 봄에 앤트워프에 기거하던 포르투갈 상인 루이 페르난데스 데 알마다를 위해 명작인 〈성 제롬〉을 완성했고, 이 상인은 뒤러의 아내에게 당시 유럽에서 드물었던 이국적인 녹색 앵무새를 선물로 주었다.

성 제롬은 성경을 라틴어로 번역한 학자들의 수호 성인이자 뒤러가 존경하는 인물로, 뒤러는 수년에 걸쳐 다양한 방식으로 그를 여러 번 그렸다. 그중에서도 특히 오크 패널에 그려진 이 특별한 유화를 위해 뒤러는 아흔세 살의 앤트워프 지역 주민을 스케치하고, 이를 기반으로 성자의 모습을 그렸다. 성인은 파란색 모자를 쓰고 빨간 가운을 걸친 채 작은 수도사의 방 안에서 책을 읽고 있으며, 책상 위에는 두개골, 붓, 먹 항아리가 놓여 있고 벽에는 십자가가 걸려 있다. 어떤 기준에서 보든 이 작품은 걸작이다.

앤트워프에서 뒤러는 여관 주인 욥스트 플랑크펠트와 덴마크의 국왕 카를 2세의 초상화를 포함해 여러 작품을 완성해야 했다. 1521년 7월 3일에 뒤러는 훨씬 부유해진 채, 그러나 매우 피곤한 모습으로 앤트워프에 마지막 인사를 건넸다. 그의 명성은 상당히 높아졌지만, 건강은 심각하게 악화된 상태였다.

◀ 네덜란드, 미델부르크

헬렌 프랭켄탈러, 프로빈스타운에 흠뻑 빠지다

Helen Frankenthaler, 1928~2011

헬렌 프랑켄탈러에게는 부드럽게 흐르는 것이 거의 모든 것이었다. 1950년대 초에 개발한 담그기 및 얼룩 기법은 그녀를 훗날 컬러 필드 페인팅으로 알려지게 된 이 기법의 선구자로 만들었다. 잭슨 폴록과 빌렘 드 쿠닝의 추상표현주의를 발전시킨 것으로 간주되는 이 기법은 가정용 페인트와 에나멜을 테레빈유로 희석하여 빈 커피 캔에 담아 캔버스에 직접 붓는 방식으로 이루어졌다. 액션 페인팅에서 화가의 움직임이 아닌 물감의 유동성은 그녀의 추상화에 생동감을 불어넣는 핵심적인 힘이었다. 한편, 프랭클린탈러의 지속적인 주제이자 영감의 원천이었던 바다, 특히 1620년 메이플라워호의 상륙지이자 매사추세츠주 케이프 코드 끝에 위치한 휴양지 프로빈스타운에서 보낸 여름은 예술적 혁신과 위대한 작품을 탄생시켰다.

어린 소녀 시절, 프랭켄탈러는 맨해튼 어퍼 이스트 사이드에 있는 가족(그녀의 아버지는 전 뉴욕주 대법원 판사였다)의 호화로운 아파트에서 메트로폴리탄 미술관으로 가는 길바닥에 분필로 선을 그으며 예술적 기질을 드러냈다. 1950년, 스물한 살이 되던 해에 그녀는 모교인 버몬트 주 베닝턴 대학교 학생들의 졸업 전시 기획을 맡았고, 그곳에서 폴 필리에와 같은 세대의 추상표현주의자들에게 가르침을 받았다. 프랭켄탈러는 상당히 대범한 성격이었는데, 당시 〈더 네이션The Nation〉의 미술 평론가이자 폴록의 열렬한 지지자였던 클레멘트 그린버그에게 직접 전화를 걸어 폴록의 전시회에 초대해 달라고 요청했을 정도다. 마티니와 맨해튼을 포함한 많은 술이 제공될 것이라는 프랭켄탈러의 약속에 그린버그는 흔쾌히 참석을 약속했다. 그린버그는 프랭켄탈러보다 거의 두 배나 나이가 많았고 대머리였으며 사생활도 복잡했지만, 두 사람은 즉시 호감을 느꼈고 이후 5년 동안 사랑을 이어갔다. 그는 프랭켄탈러에게 폴록을 소개하고, 베티 파슨스 갤러리에서 열린 추상표현주의 전시회 오프닝에 데려가기도 했다. 이 즈음 폴록은 이젤 페인팅을 거부하면서 자신의 작업 방식에 더욱 과감한 변화를 시도하게 된다. 1950년, 그린버그는 프랭켄탈러에게 여름에 프로빈스타운으로 가서 독일계 미국인 화가 한스 호프만과 함께 수업을 들으라고 제안했다. 그린버그는 노스캐롤라이나에 있는 블랙 마운틴 칼리지에서 계절 교수직을 맡았기 때문에 뉴욕을 떠나 있어야 했고, 홀로 그곳을 방문한 프랭켄탈러는 그곳은 음울했고 사람들은 칙칙했으며 더 나쁜 것은 '물은 없고 수영 구멍만 있는' 곳이었다고 회상했다.

호프만은 웨스트 8번가 52번지에 있는 뉴욕 아틀리에서의 수입을 보충하기 위해 1930년대부터 프로빈스타운에서 학교를 운영하고 있었다. 당시 그곳은 일하고 나서 하얀 페인트가 벗겨진 물막이 판잣집으로 돌아가는 어부들의 마을이었고, 마을 주민들은 본토와

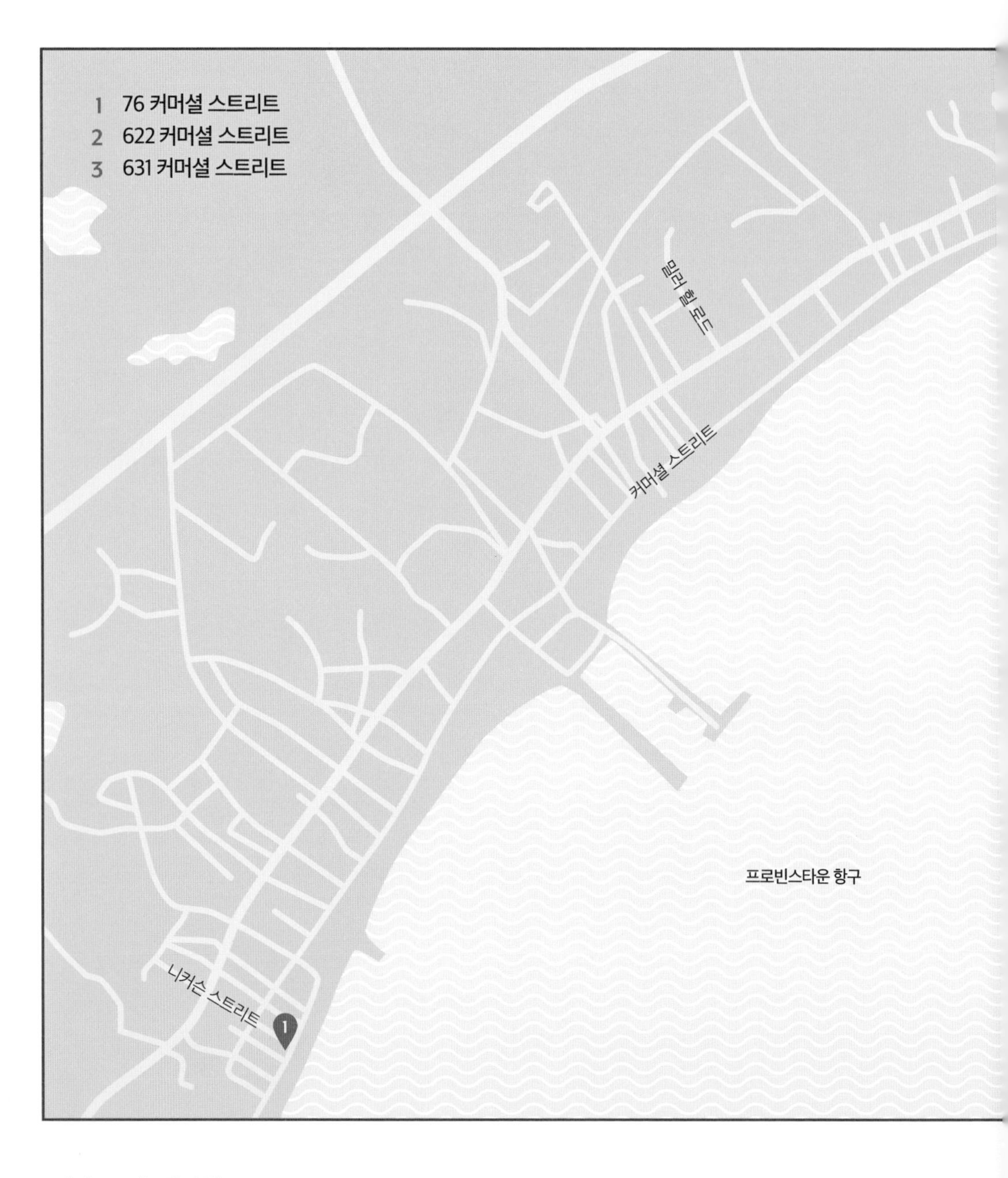

◀ 해변으로 가는 텅 빈 길,
프로빈스타운

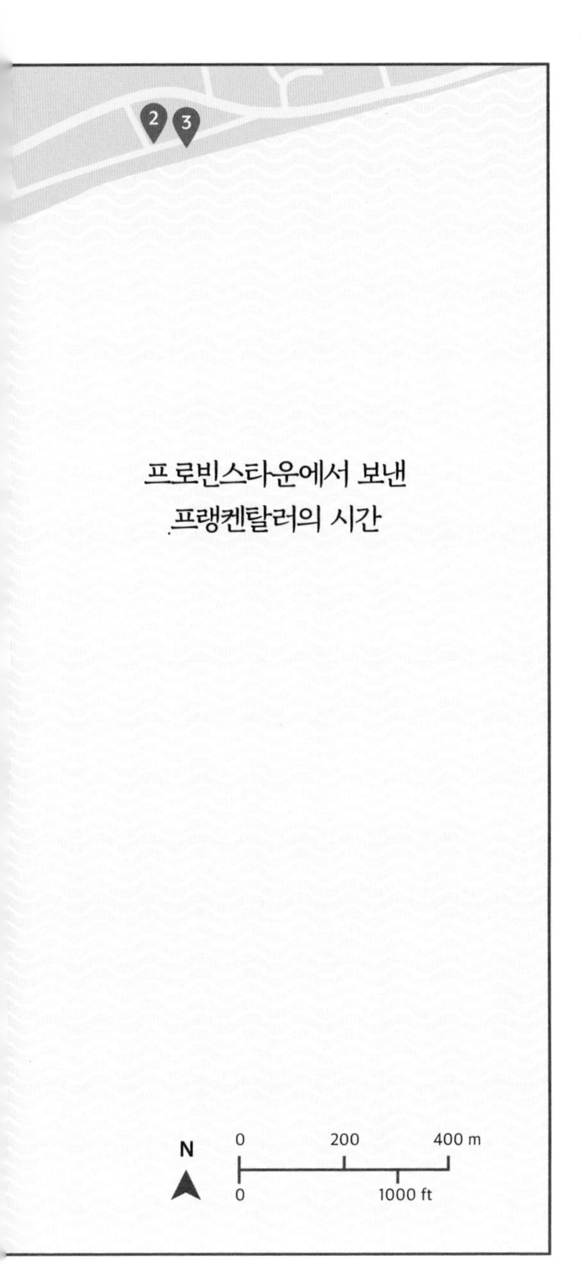

일정 거리를 유지했다. 하지만 외딴곳이라는 점과 아름다운 환경 덕분에 이미 뉴욕의 작가와 예술가들에게 프로빈스타운은 해안가의 아지트가 되어 있었다. 모더니스트의 고전인《맨해튼 트랜스퍼》의 저자 존 도스 파소스는 1929년부터 1947년까지 매년 이곳에 와서 아내 캐서린 '케이티'와 그녀의 오빠 빌이 소유한 (1928년 폭풍으로 파괴된) 옛 루이스 부두 근처의 물막이 판잣집, 571 커머셜 스트리트에 머물렀다. 1936년에 존은《케이프 코드 가이드북》을 공동 집필하면서, 프로빈스타운과 예술의 메카로 변모한 케이프 코드에 대해 다음과 같이 썼다.

> 좁고 이국적인 느낌의 거리, 붐비는 주택, 지역주민들, 포르투갈 어부, 배우, 예술가, 관광객, 선원 등 매우 다양한 사람들, 해변에 늘어선 밝은 색 파라솔로 가득한 이젤들, 부두를 개조한 나이트클럽, 생선 창고를 고친 스튜디오, 모든 종류의 상점, 찻집과 레스토랑, 카라반과 트럭, 끝없이 이어지는 자동차 행렬.

비평가 에드먼드 윌슨은 '고르지 않고 밝은 파란 바다, 밝은 노란 해변 위에 하얗게 거품을 일으키며 씹고 뱉고 다시 씹는 개가 새를 괴롭히듯이'라는 시구에서 시적으로 묘사한 현지의 조수에 이끌려 매년 이곳을 찾는 또 다른 문학 거장이었다. 그러나 그의 세 번째 부인 메리 매카시는 결혼 생활의 파탄에 대한 가식적인 소설《매혹적인 삶》을 통해 프로빈스타운의 예술계를 풍자한 바 있다.

폴록의 아내이자 뉴욕에서 호프만에게 2년간 수학한 바 있는 뛰어난 예술가, 레노어 '리' 크라스너는 1938년 당시 연인이었던 러시아 출신 예술가 이고르 판투호프와 그들의 화가 친구인 로잘린드, 바이런 브라운과 함께 프로빈스타운에 있는 스승을 처음 방문했다.

처음에 호프만은 밀러 힐 로드 9번지에 있는 찰스 호손 클래스 스튜디오에서 일하고 가르쳤으며, 밀러 힐 로드 8번지에 있는 프리츠 불트만의 스튜디오에서도 한 계절을 보냈다. 1945년, 호프만은 바다 풍경 전문 화가였던 프레드릭 저드 워가 소유하고 있던 76 커머셜 로드의 스튜디오를 매입했다. 니커슨 스트리트의 메인 하우스 바로 뒤에 위치한 스튜디오였다. 1940년대 후반, 전기작가 메리 가브리엘의 말처럼 호프만과 바닷가에서 보내는 짧은 시간은 '뉴욕의 야심 찬 화가들에게는 통과의례가 되었다'.

프랭켄탈러는 프로빈스타운에 도착하자마자 호프만 밑에서 공부하는 것이 자신의 커리어에 꼭 필요한 과정이라 생각하고 즉시 그의 화실에 등록했다. 그녀는 '터프한 괴짜 같지만 매우 인간적이고 솔직하며 매

우 밝았던' 이 화가의 매력에 푹 빠졌다. 반면, 호프만의 '알코올 중독자 비서와, 역시 알코올에 중독된 그녀의 남자 친구'가 관리하는 목조 해변 오두막집에서 다른 네 명의 학생들과 함께 생활하는 것은 쉽지 않았다. 어느 날 프랭켄탈러는 약간의 지루함을 느껴 스튜디오를 빠져나와 해변으로 내려갔다. 그 순간, 눈앞에 펼쳐진 '바다와 하늘의 겸손한 무한함'에 매료된 그녀는 곧장 오두막집 현관에 이젤을 설치하고, 마치 화폭이 그녀에게 무엇을 해야 할지 알려주는 것 같은 감정에 빠져 그림을 그리기 시작했다.

돌아오는 금요일, 호프만의 여름 강좌의 하이라이트라고 할 수 있는 주간 피드백 세션에서 프랭켄탈러는 코발트블루, 회색, 검은색, 빨간색, 암갈색, 갈색의 흐름으로 바다 풍경을 표현한 〈프로빈스타운 베이〉라는 제목의 작품을 선보였다. 경험을 전달하기 위해 필요한 색채에 대해 강조하던 호프만은 프랭켄탈러의 그림을 가리키며 '정말 잘 그렸어'라고 최고의 찬사를 보냈다. 그리고 실제로 그녀는 성공한 화가가 되었다.

2년 후 그녀는 그린버그와 함께 캐나다 노바스코샤로 작업을 위한 휴가를 떠났고, 두 사람은 해변에 나란히 앉아 수채화로 스케치를 했다. 뉴욕의 스튜디오로 돌아온 프랭켄탈러는 캐나다에서 보고 느낀 것을 표현하기 위해 또 다른 돌파구를 찾았다. 그녀는 높이 2.19미터, 너비 1.98미터의 캔버스를 바닥에 못 박고 그 표면에 묽은 물감을 붓는 담그기와 얼룩 기법을 시도했다. 그 결과 파란색, 녹색, 빨간색, 섬세한 분홍색, 빛나는 노란색의 호와 무늬로 해안가를 훌륭하게 요약한 〈산과 바다〉라는 작품이 탄생했다. 1950년대와 1960년대에 프랭켄탈러는 수채화 물감과 아크릴 수지 물감인 마그나 등 아크릴 물감으로 실험을 이어갔다.

1958년 추상표현주의 화가 로버트 마더웰과 결혼한 프랭켄탈러는 622 커머셜 스트리트에서 여름을 보냈고, 이후 숲 속에 헛간 스튜디오가 있던 631 커머셜 스트리트로 이사했다. 크래스너 그리고 일레인 드 쿠닝과 마찬가지로 프랭켄탈러는 커리어 내내 여전히 남성이 주도하는 미술계와 사회에서 여성이라는 이유로 어려움을 겪어야 했다. 1960년, 마더웰이 전처와 맺은 양육권 계약이 변경되면서 프랭켄탈러는 뜻하지 않게 두 딸의 계모가 되었다. 딸들은 결국 친엄마와 살기 위해 다시 돌아갔지만, 여름마다 프로빈스타운에서 함께 시간을 보냈다. 프랭켄탈러는 종종 이런 생활을 부담스러워했지만, 그럼에도 불구하고 기꺼이 해변가에 레모네이드 가판대를 설치하고 점심을 준비하며 짬을 내어 그림을 그렸다. 그리고 이 기간 동안 그녀는 〈여름 풍경: 프로빈스타운〉, 〈시원한 여름〉, 〈썰물〉, 〈인디언 서머〉, 〈함대의 축복〉과 같은 작품을 비롯한 걸작들을 제작했다. 그중 〈함대의 축복〉은 포르투갈 국기 색을 모방한 빨강, 초록, 노랑의 컬러 폭탄이자 현지의 바다 항해 의식에 경의를 표한 작품이다.

◀ 1955년의 프로빈스타운 항구 모습

카스파르 데이비드 프리드리히, 뤼겐에서 스스로를 다시 채우다

Caspar David Friedrich, 1774~1840

동시대 영국 화가인 J.M.W. 터너보다 6개월 연상인 카스파르 데이비드 프리드리히는 독일에서 가장 중요한 낭만주의 화가 중 한 명이다. 그는 풍경을 표현하는 새로운 방법을 발견하여 영적인 느낌과 의미를 부여한 혁명가였다. 보헤미아(현 체코) 데친(테첸) 성의 예배당 제단화로 의뢰받은 첫 번째 유화 〈산속의 십자가〉는 심오하고 급진적인 작품으로, 프리드리히는 푸른 풍경 속에 십자가를 지는 장면을 설정하여 자연 자체를 신성한 것으로 표현했다. 이러한 접근 방식은 일부 사람들의 비난을 받았지만, 프리드리히는 독특한 시각을 가진 예술가로서 인정받았다.

그러나 그가 생전에 찬사를 누린 기간은 찰나에 불과했다. 안개가 자욱한 산 정상에 서 있는 고독한 인물과 눈 덮인 언덕을 떠도는 황량한 나무가 등장하는 그의 작품들은 한때 러시아의 차르 니콜라스 1세의 후원을 받기도 했지만, 1825년경부터는 게르만계 비평가들로부터 시대에 뒤떨어지고 우울하며 약간 이상하다는 평가를 받게 된다. 프리드리히는 거의 10년에 걸쳐 정신적, 육체적으로 점차 쇠약해진 끝에 1840년 5월 7일 사망한다. 당시 프리드리히의 죽음은 별다른 언급 없이 지나갔다. 그의 작품은 20세기 초에 재발견되어 나치 독일 민족주의자들에 의해 악용되는 불운을 겪기도 했으나, 1950년대 이후에는 광범위한 유럽 낭만주의 전통에서 그 중요성을 인정받고 있다.

프리드리히는 당대 화가로는 드물게 알프스를 방문하지 않았으며, 주로 독일 북부를 중심으로 광범위하게 여행하면서 현지에서 연필로 세밀하게 스케치한 풍경을 바탕으로 그림을 그렸다. 그는 평생을 드레스덴에서 살았으며, 인근 엘베 강변과 시골의 초원에서 스케치를 하곤 했다. 그러나 예술가이자 인간으로서 그를 가장 풍요롭게 해 준 곳은 발트해 연안과, 무엇보다도 그의 고향인 그레이프스발트(한때는 한자 문화의 중요한 항구였으나 지금은 스웨덴 포메라니아 지방의 변방에 불과한) 근처의 뤼겐 섬이었다.

독실한 루터교 집안에서 자란 그의 어린 시절은 비극으로 점철되어 있었다. 그는 일곱 살 때 어머니를 잃었다. 1787년에는 형 요한 크리스토퍼가 연못에서 얼음에 빠진 프리드리히를 구하려다 익사했다. 4년 후 그의 누이 마리아는 발진티푸스에 걸렸다. 이 같은 환경에서 프리드리히가 그림으로 위안을 얻고 고독을 소중히 여기는 다소 우울한 청년으로 성장한 것은 당연한 결과라 하겠다. 사실 고독은 그의 창작 과정의 중심 요소가 되었다. 그는 현장에서의 작업 방식을 설명하면서 "자연을 온전히 보고 느끼기 위해서는 혼자 남아서 내가 혼자임을 알아야 하며, 나 자신이 되기 위해서는 주변 환경에 나를 내맡기고 구름과 바위와 하나가 되어야 한다."라고 말한 바 있다.

10대 시절 프리드리히는 그라이프스발트 대학의

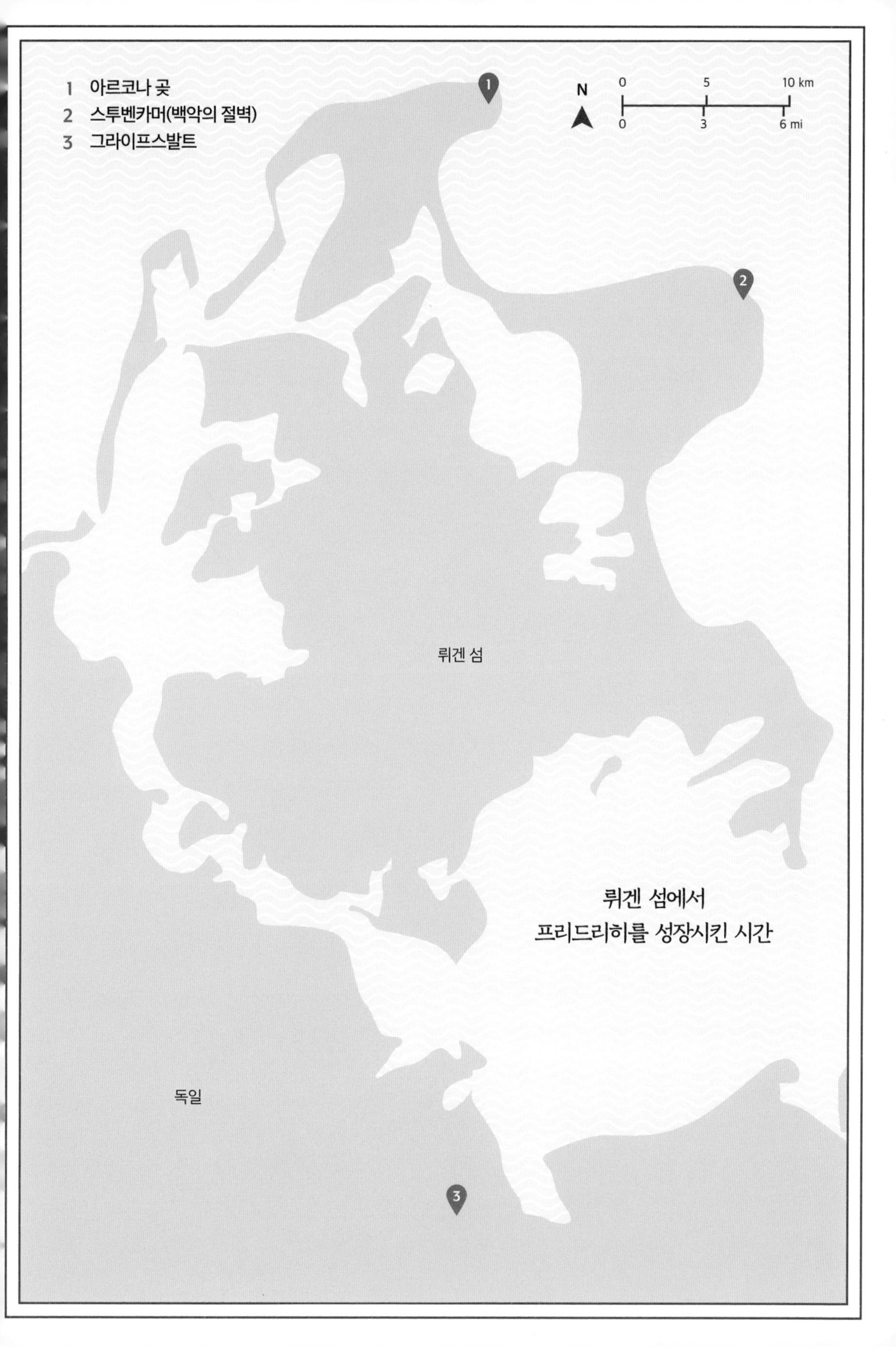
1 아르코나 곶
2 스투벤카머(백악의 절벽)
3 그라이프스발트
N
0 5 10 km
0 3 6 mi
뤼겐 섬
독일
뤼겐 섬에서
프리드리히를 성장시킨 시간

▲ *무지개가 있는 뤼겐의 풍경*, 1810

드로잉 대가인 요한 고트프리트 퀴스터프에게 미술 과외를 받았다. 그는 1794년부터 1798년까지 저명한 코펜하겐 아카데미에서 공부를 계속한 후 덴마크의 수도를 떠나 드레스덴에 완전히 정착하여 삽화가와 판화가로서 두각을 나타내기 시작했다.

1801년 봄, 프리드리히는 독일 노이브란덴부르크를 경유하여 다시 라이프스발트로 돌아와 이듬해 여름까지 머물렀다. 이 장기간의 방문 동안 그는 고향의 풍경에 몰입하는 시간을 가졌고, 뤼겐으로 스케치 여행을 떠났다.

프리드리히가 날씨에 상관없이 돌아다니는 모습은 분명 기억에 남을 만한 광경이었다. 어느 동 시대인은 그에 관해 다음과 같이 회상했다. "어부들은 그가 바다로 튀어나온 언덕의 울퉁불퉁한 바위와 백색 절벽을 기어오르는 모습이 마치 바다 밑에서 무덤을 찾는 것처럼 보인다며, 때때로 그의 목숨이 위험에 처할까 봐 두려워했다."

지역 어부들은 그를 미쳤다고 생각했고, 프리드리히 자신도 위험할 것이라고 생각했지만, 이러한 방법들은 효과가 있었다. 그는 자연에 대한 새로운 시각을 보여주는 일련의 그림들을 가지고 드레스덴으로 돌아갔다. 그는 소용돌이치는 바다를 비추는 빛이 절벽에 비치는 방식, 흔들리는 나무에 그림자가 드리워지는 방식을 표현하는 데 점점 더 익숙해졌다. 이후 몇 달 동안 그는 뤼겐에 대한 인상을 일련의 세피아 및 워싱 장면으로 전환하는 데 전념했고, 마침내 1803년 이 그림을 드레스덴에서 전시하여 비평가들의 열렬한 찬사를 받았다. 많은 미술사학자들의 의견에 따르면, 1803년은 프리드리히가 자신감을 갖고 예술가로서 성장하는 전환점이 된 해였다. 계절의 변화, 낮과 밤의 주기가 자연 풍경에 미치는 영향을 도표화하고 시간과 무상이라는 주제를 탐구하기 시작했던 것이다.

1806년 5월, 프로이센 군대가 나폴레옹에게 패배한 후 절망에 빠진 프리드리히는 스스로 걸렸다고 주장하는 병을 회복하기 위해 다시 그라이프스발트로 돌아왔다. 그는 6월까지 그곳에 머물며 다시 한번 뤼겐에서 스케치를 했다. 유화 작업을 시작한 것은 이듬해부터였는데, 아마도 제단화를 그리고 받은 비용이 동기가 되었던 듯하다.

그의 다음 귀향은 1815년 가을이 되어서야 이루어졌다. 그로부터 3년 후, 프리드리히가 다시 돌아온 것은 그라이프스발트에 있는 친척들에게 새 신부를 소개하기 위해서였다. 1818년 1월 21일 화가의 결혼은 많은 이들에게 놀라움을 안겨주었다. 당시 마흔네 살이었던 프리드리히는 누가 보아도 독신으로 살 것이 확실해 보였기 때문이다. 그보다 열아홉 살이나 어렸던 신부 캐롤라인 보머는 드레스덴에 위치한 어느 창고 관리인의 딸로, 그에게 긍정적인 영향을 미친 것으로 보인다. 이 시기에 그린 〈뤼겐의 백악 절벽〉은 절벽 꼭대기에서 경치를 바라보는 세 인물을 묘사한 것으로, 프리드리히의 작품 중 가장 우울하지 않은 그림 중 하나다. 그러나 더 밝은 톤과 밝은 색조에도 불구하고, 인물들이 여전히 절벽 가장자리에 서 있다는 점에 유의해야 한다. 1820~1822년경 완성된 〈그라이프스발트 인근의 초원〉과 같은 작품에서는 한층 더 온화하고 목가적인 분위기를 보여준다.

1824년 프리드리히는 드레스덴 미술 아카데미에서 교수 자리를 얻었지만, 과로로 인해 건강이 악화되어 거의 2년 동안 유화 그림을 그릴 수 없게 되었다. 다시 한번 그는 그라이프스발트로 돌아가서 수채화로 뤼겐의 풍경을 그리는 데 에너지를 쏟았다. 적어도 37점의 섬 그림을 완성하고 판화집으로 출판하려고 했던 것으로 알려져 있다. 그러나 계획은 실현되지 않았고, 대부분의 원본 그림은 분실되었다. 안타깝게도 이 프로젝트의 실패는 프리드리히의 남은 인생 내내 영향을 미쳤다. 그는 미술 아카데미의 풍경화 교사로 발탁되었지만, 이러한 대우에 대한 실망감은 더욱 침울한 작품으로 표현되었다. 점점 더 은둔자적으로 변한 프리드리히는 미술계에서의 처우에 환멸과 비참함을 느끼며 편집증 증상을 보이기 시작했다. 그는 아내가 결혼생활에 충실하지 않고, 자신과 자녀에게 폭력을 행사하거나 변덕을 부린다고 확신하게 되었다. 1835년 6월 26일, 카스파르 프리드리히는 뇌졸중으로 쓰러졌다. 그는 다시 회복하지 못했고, 사랑하는 뤼겐을 다시는 보지 못한 것으로 보인다.

▶ 독일, 뤼겐

EASTERN
ORPHEUM

데이비드 호크니, 로스앤젤레스에서 라라랜드를 찾다

David Hockney, 1937~

미국은 영국 예술가 데이비드 호크니가 어린 시절부터 동경해 온 곳이었다. 어린 시절, 브래드포드 그린게이츠 시네마의 토요일 아침 키즈 클럽에서 '슈퍼맨', '플래시 고든' 같은 할리우드 연재물을 본 이후부터 호크니는 줄곧 미국에 대한 환상을 키웠다. 청소년이 된 그는 리즈에서 '뉴욕 로드'라는 목적지가 적힌 트램을 보고 대서양을 건너 뉴욕을 한 입 베어 물겠다고 다짐한다(잘 알다시피 뉴욕의 또 다른 별명은 빅애플이다). 영국의 대표적 선박사인 P&O의 새로운 원양 여객선 SS 캔버라 호의 벽화 제작 계약금과 로버트 어스킨 갤러리에서 받은 상금 덕에 1961년 여름, 마침내 호크니는 스물네 번째 생일인 7월 9일에 40파운드짜리 왕복 티켓을 들고 뉴욕행 비행기에 올랐다.

호크니는 뉴욕에서 지내는 동안 런던의 왕립예술학교RCA에서 만난 마크 버거와 함께 지내게 됐다. 미국 국적의 게이였던 버거의 영향으로, 호크니는 거친 거리의 터프 가이부터 보디빌더, 예쁜 옆집 남자에 이르기까지 반나체 남성의 에로틱한 사진으로 가득한 '육체미 넘치는' 잡지 〈피직 픽토리얼Physique Pictorial〉의 세계에 눈을 떴다. 호크니의 취향은 후자 쪽이었다.

당시만 해도 동성애가 범죄로 취급되었고, 대부분의 게이 남성과 여성이 대중에게 노출되는 것을 두려워하며 살아야 했다. 영국 출신의 예술가에게 이 잡지는 그간 존재하지 않는 것처럼 보였던 성적 자유의 가능성을 불어넣었다. "사람들은 훨씬 더 개방적이었고 나는 완전히 자유로웠다."라는 호크니의 회상에서 알 수 있듯, 그는 믿을 수 없을 정도로 쉽게 뉴욕에 적응했다. 뉴욕은 24시간 내내 활기찬 도시였다. 그리니치 빌리지는 문을 닫는 법이 없었고, 밤새도록 영업하는 서점에서는 언제든지 책을 볼 수 있었으며, 게이 문화는 훨씬 더 조직적이었다.

이 여행은 호크니의 삶을 여러 가지 면에서 변화시켰다. 그중에서도 가장 눈에 띄게 변한 것은 그의 외모였다. 뉴욕에서 호크니는 처음으로 금발로 탈색했고, 이후 그의 트레이드마크가 된 백금색의 폭탄 머리 스타일이 탄생했다. 호크니는 1963년 4월에 두 번째로 뉴욕을 방문했는데, 한 달 정도 머물며 앤디 워홀과 배우 데니스 호퍼를 만났다. 그해 12월에 다시 영국으로 돌아왔지만 곧 거의 1년을 미국에서 보낼 계획을 세웠고, 이번 목적지는 로스앤젤레스였다.

전기작가 크리스토퍼 사이먼 사익스가 쓴 것처럼, 호크니는 이 도시에 아는 사람이라고는 한 명도 없는 데다가 운전도 할 줄 몰랐다. 뉴욕의 아트딜러 찰스 앨런이 수백 평방미터에 달하는 거대한 대도시에서 어떻게 이동할 계획이냐고 묻자, 그는 버스를 타면 된다고 답했다. 앨런은 LA 대신 샌프란시스코로 가자고 설득했다. 하지만 호크니는 할리우드 영화의 본고장이자 〈피직 픽토리얼〉의 본거지이며 존 레치의

1 산타모니카 부두
2 머슬 비치
3 바니스 비너리
4 할리우드 보울
5 피직 픽토리얼 스튜디오
6 퍼싱 스퀘어
7 로스앤젤레스 시청
윌셔 대로
라 시에네가
산 비센테 대로
피코 대로
메인 스트리트

◀ 앞페이지 : 로스앤젤레스

《밤의 도시》에 등장하는 바로 그 도시로 가야 한다고 고집을 부렸다. 이 자전적 소설에서 화자인 남성 매춘부는 뉴욕, LA, 샌프란시스코, 뉴올리언스에서 다양한 남성과의 성적인 만남을 이야기한다. 특히 '외로운 미국의 세계'이자 '타임스퀘어, 마켓 스트리트 SF, 프렌치 쿼터의 신경질적인 도망자들', '외로운 과일을 노리는 남성 매춘부', '약쟁이, 영세 행상인', 창녀, 노숙인 및 '추방당한 요정'들의 자유롭고 편안한 피난처로 묘사된 LA 퍼싱 스퀘어의 다채로운 모습은 호크니에게 깊은 인상을 남겼다. 호크니의 LA 여행에서 가장 중요한 장소는 당연히 퍼싱 스퀘어였다.

캘리포니아 남부로 향하는 호크니를 설득할 수 없었던 앨런은 그의 또 다른 고객이자 LA 출신의 조각가 올리버 앤드류스가 공항에서 호크니를 픽업하도록 주선했고, 앤드류스는 이 요크셔 출신의 남자가 미국 서부 해안에서 방향을 잃지 않게 도와주기로 했다. 1964년 1월 샌버나디노 상공에 도착한 호크니는 줄지어 있는 수영장 딸린 집들과 햇살에 반짝이는 물빛에 즉시 매료되었으며, 훗날 뉴욕을 포함한 다른 어떤 도시에 도착했을 때보다 더 감격스러웠다고 고백했다. 캘리포니아 주택의 이러한 공통적인 특징은 곧 호크니의 이후 작품에서 주류를 이루게 된다. 호크니는 그림을 그리면서 수영장 표면에서 빛이 작용하는 방식을 탐구적으로 묘사하는 데 즐거움을 느꼈다. 끝없이 펼쳐지는 캘리포니아의 여름, 뜨거운 태양과 맑고 푸른 하늘 아래 시원한 물속으로 뛰어드는 수영 선수들이 만들어내는 물보라와 물결 역시 마찬가지였다.

앤드류스는 공항에서 호크니를 기다리고 있다가 산타모니카 캐년 아래쪽에 있는 텀블 모텔에 데려다주며 내일 다시 오겠다고 약속했다. 호크니는 약간의 탐험을 결심하고 멀리서 보이는 불빛을 따라 걷기 시작했다. 자신이 마을로 향하고 있는 줄 알고 몇 킬로를 걸어갔지만, 불빛이 환하게 켜진 주유소 앞에는 아무것도 없었다. 다음 날 아침, 앤드류스가 도착하자 호크니는 자전거 가게에 데려다 달라고 요청했다. 그리고 지도를 살펴보니, 산타모니카의 태평양 해안 근처에서 시작되는 인근 윌셔 대로가 퍼싱 스퀘어와 바로 연결된 것이 보였다. 실은 그곳이 약 27킬로미터나 떨어진 곳이라는 사실도, 레치의 책이 실화를 바탕으로 한 허구라는 사실도 깨닫지 못한 채 그는 자전거를 타고 길을 떠났다. 마침내 도착한 퍼싱 스퀘어는 한적한 데다 분위기 또한 그가 꿈꾸던 소돔과 고모라와는 거리가 멀었다. 뭔가 흥미로운 일이 생길지도 모른다는 허망한 희망으로 맥주를 마신 후, 그가 할 수 있는 일은 곧장 텀블 모텔로 돌아가는 것뿐이었다.

앤드류스는 호크니에게 차를 사라고 설득했고, 면허 시험을 통과할 수 있도록 운전을 가르쳐주겠다고 제안했다. 앤드류스의 코칭에도 불구하고 호크니는 낙제점을 받았지만 다행히도 임시 면허증을 발급받을 수 있었고, 새 흰색 포드 팰콘을 타고 축하 파티를 열었다. 그러다 실수로 고속도로를 벗어나게 되자 그는 곧바로 400킬로미터 이상 떨어진 라스베이거스를 향해 차를 몰아 사막 리조트의 유명 카지노에서 80달러를 따는 데 성공했다. 텀블 모텔에서 짐을 뺀 호크니는 산타모니카의 피코 대로에 있는 아파트를 빌렸다.

일할 곳이 필요했던 그는 베니스 비치의 메인 스트리트에 바다가 내려다보이는 스튜디오 공간을 임대해 LA에서의 삶을 즐기며 정착하기 시작했다. 그는 이곳의 동식물은 물론 절충주의적인 건축물, 검게 그을린 피부의 이웃들이 매우 마음에 들었다.

▲ 로스앤젤레스, 베니스 비치

▲ 1957년, 머슬 비치의
서머스쿨 전경

그의 새 아파트에서 멀지 않은 곳에 있는 산 비센테 대로에는 야자수와 선인장 정원으로 둘러싸인 웅장한 집들이 즐비했고, 가로수가 늘어선 중앙 보호구역은 조깅하는 사람들과 운동 마니아들이 즐겨 찾는 장소였다. 팰리세이즈 파크와 오션 애비뉴를 따라가다 보면 산타모니카 부두 옆 모래사장부터 보디빌더와 육상 배구 선수들이 즐겨 찾는 유명한 머슬 비치까지 길이 이어진다. 이 해변에는 운동이나 바다 수영을 한 후 땀을 흘린 사람들이 호스로 몸을 씻을 수 있는 샤워 시설이 줄지어 있었다. 구릿빛 피부의 남자들이 몸을 씻는 모습은 게이 남성들에게 이 해변의 또 다른 매력 중 하나로 작용했는데, 호크니 역시 눈길을 줄 수밖에 없는 광경이었다.

고전적인 그림에 나오는 포즈로 샤워하는 남성의 사진은 〈피직 픽토리얼〉의 주력 상품이었으며, 호크니도 11번가에 있는 잡지사의 스튜디오(놀랍도록 평범한 수영장이 딸린 집이 종종 배경으로 사용되었다)를 방문한 적이 있었다. 미국에 머무는 동안 호크니는 이 모든 이미지에서 받은 인상을 바탕으로 〈샤워를 하려는 소년〉과 〈비벌리힐스의 샤워하는 남자〉 같은 획기적인 그림을 그렸다.

미술 평론가 피터 웹이 말했듯이, 도시의 건물 또한 끈적한 미소년만큼이나 호크니의 작품에 많은 영향을 미쳤다. 호크니는 포드 팰콘을 타고 도시를 돌아다니곤 했는데, 남자를 꼬시기 위해서가 아니라 자동차에 의해 도시의 건축이 결정되는 풍경을 경험하기 위해서였다. 길가의 식당과 더비 모자 모양의 레스토랑부터 성 포탑이 있는 저택, 멀홀랜드 드라이브에 있는 존 라우트너의 가르시아 하우스와 토레이슨 드라이브의 케모스피어 같은 미래 지향적인 새 건축물까지, 호크니는 모든 것에 흠뻑 빠져들었다. 그는 건물 주변을 운전하는 것만으로도 미소 짓게 되는 도시는 LA뿐이라고 주장하기도 했다.

LA에서 호크니가 완성한 첫 번째 그림은 〈플라스틱 트리와 시청〉이었다. 이 그림에서 도시의 랜드마크인 마천루는 출처가 모호한 야자수와 함께 그려져 있다. 이 그림은 아크릴로 완성되었는데, 이전에 런던에서 시도했지만 성공하지 못했던 재료였다. 하지만 미국산 아크릴 물감이 영국산보다 품질이 훨씬 우수하며 유연하다는 것을 알게 된 호크니에게 아크릴은 곧 가장 선호하는 재료가 되었다. 그는 아크릴 물감을 이용해 도시 풍경을 〈윌셔 블러바드〉, 〈퍼싱 스퀘어〉, 〈로스앤젤레스의 빌딩 숲〉, 〈캘리포니아 아트 컬렉터〉 등 불멸의 작품으로 남겼다. 그중 〈캘리포니아 아트 컬렉터〉는 호크니의 〈수영장〉 시리즈 중 초기작이라고 할 수 있는데, 베티 애셔와 같은 명망 있는 수집가 및 큐레이터와의 만남을 바탕으로 제작되었다. 당시 이 도시의 예술계는 라 시에네가 대로에 위치한 주요 현대 미술 갤러리들의 월요일 저녁 오프닝 행사를 중심으로 돌아가고 있었다. 호크니는 이곳에서 미국 화가 에드 루샤를 처음 알게 되었다. 저렴한 식당과 인접한 거리의 꼭대기에 있는 바 '바니스 비너리'는 예술가들과 예술 애호가들이 주로 찾는 곳으로, 에드워드 키엔홀츠와 호크니 자신도 자주 찾았다.

이후 호크니는 중서부 아이오와에서 6주 동안 강의를 하기 위해 LA를 떠났다. 그리고 런던의 왕립예술학교 동창인 패션 디자이너 오시 클락, 화가 데릭 보셔와 함께 그랜드 캐년과 뉴올리언스로 여행을 떠났고, 할리우드 보울에서 열린 비틀스의 공연을 관람하기 위해 길을 떠났다.

호크니의 두 번째 미국 체류는 그해 9월 뉴욕의 찰스 앨런 갤러리에서 열린 그의 첫 미국 전시회를 끝으로 마무리되었다. 이 전시회는 호크니의 미국 미술계 입성을 알리는 성공적인 행사였다. 미국 서부 해안의 이미지가 담긴 그의 작품들은 수십 년 동안 그를 사로잡을 주제와 피사체를 예고하며, 향후 50년 동안 그의 고향과도 같은 곳이 될 장소를 묘사하고 있었다.

가쓰시카 호쿠사이,
후지산을 오르다

Katsushika Hokusai, 1760~1849

일본의 화가 가쓰시카 호쿠사이는 “여섯 살 때부터 사물의 형태를 똑같이 그리는 능력이 있었고, 쉰 살이 되어서야 그림을 자주 발표하게 되었지만, 일흔 살이 될 때까지 내 그림은 주목받을 만한 가치가 없었다.”라고 고백한 적이 있다. 이처럼 호쿠사이는 자신과 초기 작품에 대해 다소 혹독한 평가를 내렸다. 서른이 되기 전까지 그는 적어도 열두 권의 만화(현대 만화의 전신인 스케치나 캐리커처), 수천 점의 책과 판화용 목판화 삽화, 동물, 동식물, 종교적 인물, 전통 우키요에('부유하는 세상의 그림'이라는 뜻) 계열의 게이샤와 배우들의 초상화, 네덜란드 판화에서 영감을 받은 서양식 풍경화 등을 그렸다.

외국 여행을 금지하고 유럽인의 일본 입국을 사실상 금지한 1635년의 고립주의적 사코쿠 칙령은 호쿠사이의 일생 동안 계속되었다. 이로 인해 외부 세계에 대한 접근이 제한되었지만, 호쿠사이처럼 호기심과 탐구정신이 강한 예술가는 드물었다. 그의 일생은 예술의 절대적인 완벽함을 추구하는 과정이었다고 할 수 있으며, 이러한 탐구는 생의 마지막 날까지 계속되었다. 그가 임종 직전 “하늘이 내게 10년만 더 준다면… 아니, 5년만 더 준다면 진짜 화가가 될 수 있을 텐데.”라고 울부짖은 이야기는 유명하다. 그럼에도 1830년, 호쿠사이는 일흔 살의 나이에 새로운 그림 시리즈에 착수하여 자신의 작품에 천(신성한 것), 진(인간적인 것), 기(지상의 것)라는 세 가지 영적 요소를 불어넣겠다는 목표를 실현했다.

이러한 작품 중 하나로, 호쿠사이의 그림 중 유럽과 미국에서 가장 유명한 〈가나가와 앞바다의 큰 파도〉가 있다. 이 그림의 중심 이미지인 거대한 거품이 일렁이는 파도는 위협적이면서도 묘하게 친근한 느낌을 주며 최근 수십 년 동안 목욕 타월, 서핑 보드, 맥주 캔에 이르기까지 온갖 것들에 재현되었다. 하지만 이 시리즈의 다른 모든 그림과 마찬가지로 그림의 배경에 숨어 있는 진짜 피사체는 1830년부터 1833년까지 3년 동안 호쿠사이가 집착에 가깝게 집중했던 일본의 상징, 후지산이다.

어떤 면에서 후지산은 호쿠사이에게 항상 매혹의 대상이었다고 할 수 있는데, 이는 그의 초기 판화집에서도 후지산의 모습을 산발적으로 발견할 수 있기 때문이다. 그러나 〈후지산 36경〉(실제로는 마흔여섯 가지지만)이라는 제목으로 출판된 후기 판화집은 호쿠사이가 기존의 형식에서 벗어나 10년 만에 풍경으로 돌아왔다는 점과 더불어, 집중력과 실행력 면에서 큰 도약을 이뤘음을 보여준다.

일본 문화에서 후지산은 굉장히 중요하게 여겨진다. 후지산은 일본에서 가장 높은 산일 뿐 만 아니라 일본인의 정신세계에서 독특한 위치를 차지하고 있다. 예로부터 후지산은 신성함과 불멸의 원천으로 여겨져

왔다. 현존하는 가장 오래된 일본 헤이케 모노가타리(9세기 또는 10세기에 쓰인 산문 서사시의 일종) 중 하나인 '대나무꾼 이야기'에는 후지산 정상에 여신의 불로장생 비약을 보관하는 장소가 있다고 전해진다. 마찬가지로 후지산은 13세기 최초의 일본 '두루마리' 그림에도 등장한다.

불교, 도교, 신토 전통에서 신성하게 여겨지는 이 산은 최근 몇 세기 동안 새해 연하장(수리모노)에 등장하며 사실상 일본을 대표하는 상징이 되었다. 멀리서 보면 원뿔처럼 보이지만 양쪽이 같지 않다. 미술사학자 잭 힐리어는 이 비대칭성 자체가 완전히 일본적이라고 주장하며 "만약 후지산이 실제로 존재하지 않았다면 일본 예술가들이 만들어 냈을 것"이라 말하기도 했다.

여름철 후지산 정상은 비교적 쉽고 안전하게 오를 수 있다. 후지산 정상 순례는 19세기 초 일본에서 국내 여행과 관광이 본격적으로 시작된 이래, 많은 상류층 일본인의 버킷 리스트 중 상위권을 차지하고 있다. 사람들이 실제로 방문했을 법한 장소를 사실적으로 묘사한 기념품 같은 그림이 인기를 끌기 시작한 것도 이때부터다. 과거에 호쿠사이를 포함한 예술가들은 스튜디오를 떠나지 않은 채, 실제 생활 풍경보다는 특정 장소가 어떻게 생겼어야 하는지에 대한 전통적인 표현이나 문학 자료를 바탕으로 작업하는 경우가 많았다.

이 일련의 후지산 풍경에 대한 호쿠사이의 작업 방식에 대한 정보는 거의 없다. 하지만 이미 후지산을 방문한 적이 있는 사람들에게 판매하기 위해 제작된 이 산의 그림을 보면 묘사가 매우 세세하고 정밀하여, 도보와 배를 타고 직접 답사하지 않았다면 그려낼 수 없었으리라 여겨진다.

호쿠사이는 대중의 취향에 부응하여 여러 차례 큰

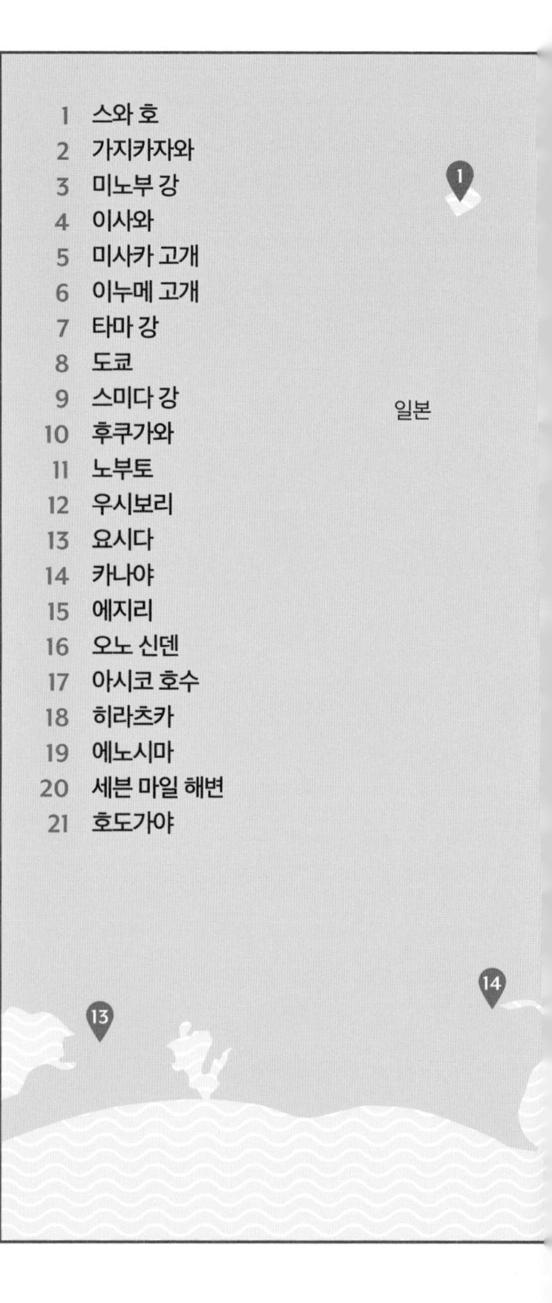

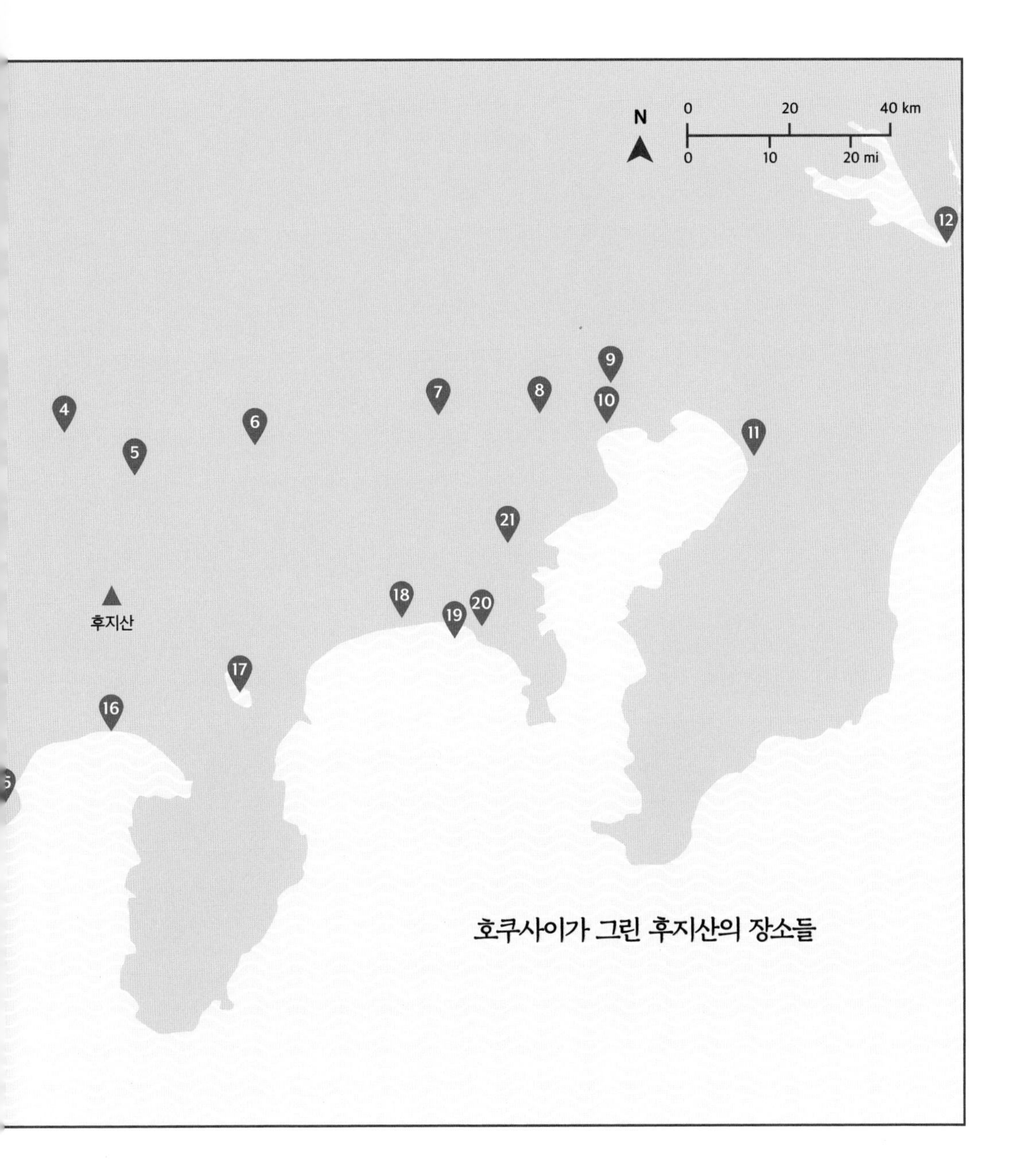

◀ 앞페이지 : 후지산과 함께 일본 후지요시다를 내려다보는 산 중턱의 츄레이토 탑

성공을 거둔 상업 예술가였다. 호쿠사이에게 후지산 연작 판화 작업을 의뢰한 것은 수완 좋은 경영자이자 그의 출판업자 에이주도였던 것으로 보인다. 진정한 일본 삽화에 대한 수요를 충족시킨 이 그림들에서 호쿠사이는 베를린 또는 프로이센 블루라는 새로운 안료를 사용하여 작품에 더 큰 역동성을 부여했다. 이 염료는 1706년경 독일에서 개발되어 18세기 중반에 일본으로 수입되었지만 평범한 예술가들이 사용하기에는 너무 비쌌다. 하지만 1820년대 중국인들이 훨씬 저렴한 버전을 개발했고, 이후 1830년대에 이르러 이 푸른 빛은 일본 화가들 그리고 무엇보다도 고객들에게 선풍적인 인기를 끌기 시작했다.

호쿠사이는 호레키 9월 23일(1760년 10월 또는 11월)에 도쿄(당시 에도) 외곽의 소박한 시골에서 태어났다. 오늘날 후지산은 도쿄 시내의 고층 빌딩 장막에 가려져 거의 보이지 않지만, 당시 화가는 매일 산을 바라보며 자랐다. 도시에서 멀리 떨어져 있음에도 불구하고 눈 덮인 산봉우리는 지평선에 항상 존재했을 것이다. 〈에도의 수루가다이〉, 〈에도의 니혼바시〉, 〈에도 수루가초의 미쓰이 상점〉과 같은 작품에서 이러한 후지산의 모습을 분명하게 볼 수 있다.

〈붉은 후지산〉이나 〈후지산 아래 폭풍〉 같은 그림 속 후지산은 시간을 지켜보며 계절을 풍화시키는 힘,

▼ *히타치 지방의 우시보리,* 1830~1833

즉 자연의 근원적 힘을 지닌 웅장하고 영원한 모습이다. 하지만 서른여섯 점의 후지산 그림에서 가장 아름다운 부분은, 산이 사람들 위에 군림하는 것이 아니라 평범한 사람들의 삶의 배경으로써 부수적으로 등장한다는 데 있다. 호쿠사이의 그림은 산과 조화를 이루며 살아가는 사람들의 모습을 중점적으로 비추지만, 그럼에도 불구하고 후지산이 그들보다 오래도록 존재하리라는 것을 보여준다.

호쿠사이는 30개가 넘는 다른 이름을 사용한 것으로 기록되어 있다. 새로운 예술적 발전을 알리기 위해 매번 새로운 이름을 사용했는데, 이는 당시 일본 예술계에서 매우 흔한 관습이었다. 〈후지산 36경〉 이후 호쿠사이라는 이름은 낡은 껍질처럼 벗겨졌다. 1834년에 후지산에 대한 또 다른 헌사인 〈후지산 백경〉(실제로는 102점으로, 이번에도 작가는 계산 실수를 했다)이 등장했을 때, '호쿠사이 이이쓰는 이제 가쿄로진 만지('그림에 미친 노인'이라는 뜻)로 이름을 바꿨다'는 반가운 말을 남겼다. 그러나 〈후지산 36경〉의 유명세가 바다 건너까지 이어지면서(클로드 모네, 오귀스트 로댕, 빈센트 반 고흐는 수십 년 동안 그의 작품에 감탄했다), 전 세계는 그를 여전히 호쿠사이라고 부른다.

▼ 일본, 아시 호수에서 바라본 후지산 전경

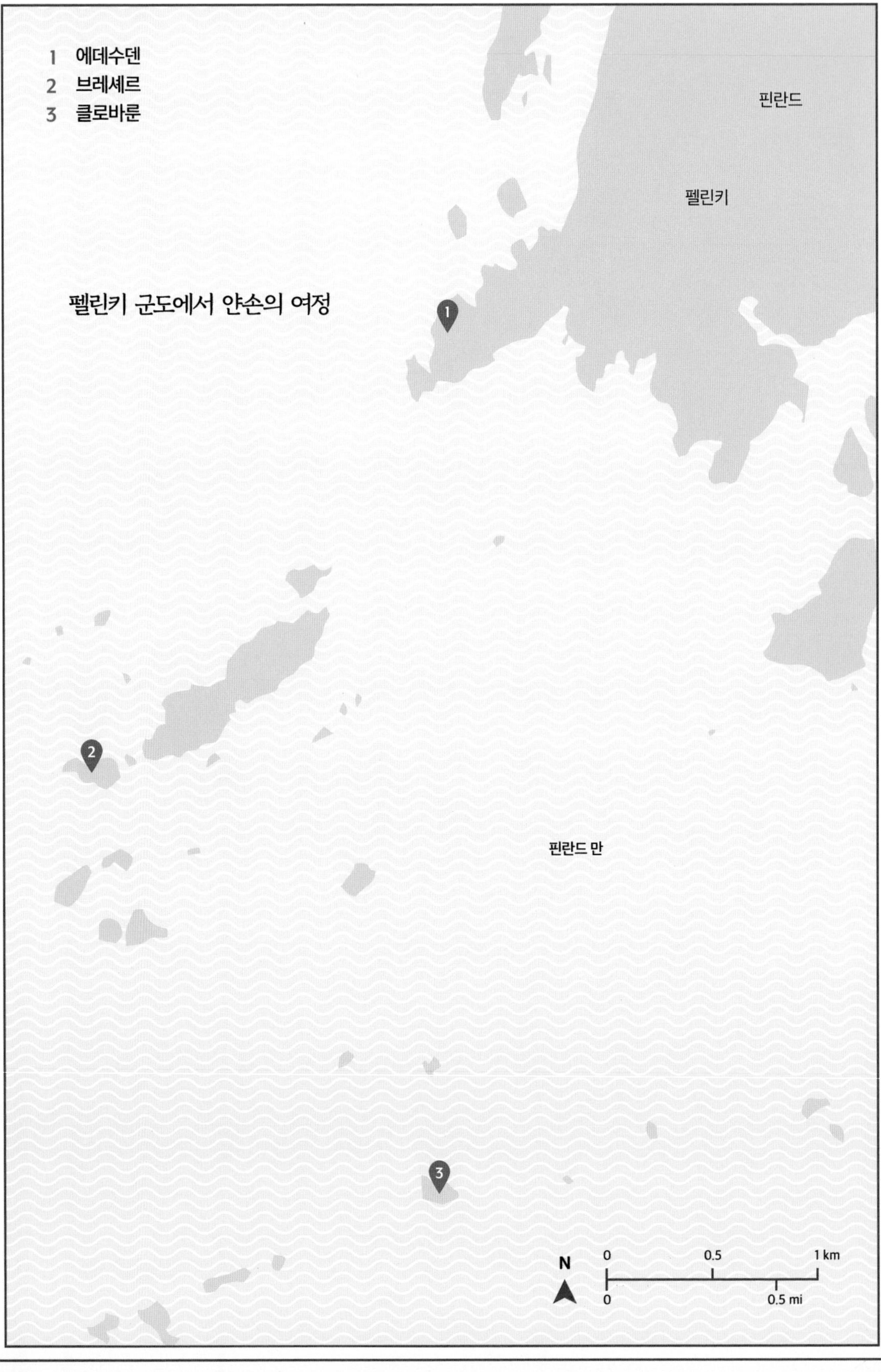

1 에데수덴
2 브레셰르
3 클로바룬

핀란드

펠린키

펠린키 군도에서 얀손의 여정

1

2

핀란드 만

3

N

0 0.5 1 km

0 0.5 mi

토베 얀손, 펠린키 군도에서 여름을 보내다

Tove Jansson, 1914~2001

화가, 일러스트레이터, 소설가이자 '무민'의 모험 시리즈로 많은 사랑을 받은 토베 얀손은, 알리 스미스의 말처럼 헬싱키의 어느 '예술적 소양을 갖춘 집안'에서 1차 세계대전이 발발하기 불과 몇 달 전 태어났다. 세계대전과 그 후폭풍은 얀손의 삶과 경력에 엄청난 영향을 끼쳤다. 그녀의 첫 번째 무민 책인《무민과 대홍수》는 제2차 세계대전 중에 집필되었으며, 전기작가인 투울라 카르잘라이넨의 말에 따르면 그 목적은 '전쟁의 어둠과 우울함을 없애는 것'이었다고 한다.

토베의 아버지 빅토르는 가족 내에서 '파판'이란 별명으로 불렸던 조각가로, 1918년 핀란드 내전에 참전한 경험으로 인해 큰 변화를 겪었다. 이 내전은 1809년부터 핀란드를 통치했던 러시아 제국의 붕괴와 직결된 것이었다. 러시아의 로마노프 왕조는 1917년 볼셰비키가 주도한 혁명에 의해 축출되었다. 그러나 독일, 그리고 그 동맹국인 오스트리아-헝가리, 불가리아, 오스만 제국과의 전쟁은 계속되었고, 이로 인한 재정적 혼란을 겪으며 러시아에서 공산주의가 급속히 영향력을 넓히게 되었다. 이듬해 봄, 핀란드에서는 독일군의 지원을 받는 우파 백군Whites들과 러시아 적군의 지원을 받는 좌파 적군Red army들 간의 패권을 차지하기 위한 내전이 벌어졌고, 양측 모두 잔학 행위를 저지른 추악한 싸움 끝에 결국 전자가 승리했다.

저명한 핀란드-스웨덴 상인의 후손이었던 '파판' 빅토르는 내전에서 백군 편에 섰다. 이후로도 그는 확고한 보수적 가치관을 유지했으며, 특히 반유대주의와 히틀러와 독일에 열렬한 지지를 보냈다. 그에 반해 토베는 나치를 공개적으로 비난하며 많은 유대인, 사회주의자, 자유주의자가 포함된 보헤미안 친구 및 연인 그룹을 이끌었기에, 당연히 토베와 아버지는 종종 충돌했다. 토베의 어머니 시그네 '함' 함마르스텐-얀손에 따르면, 내전에서 돌아온 빅토르는 예전 파리에서 처음 만났던 시절의 예술가 지망생과는 다른 사람이 되어있었다고 한다.

이에 대해 전기작가 카잘라이넨은 '한때 명랑하고 장난기 많고 유쾌했던 빅토르'가 '자신의 의견에 융통성이 없는 엄격하고 비통한 사람'으로 변해버렸다고 기록했다. 집에서는 우울하고 독재적인 존재였던 빅토르는 오랜 동지들과 함께 식당에서 술에 취한 저녁을 보내기 일쑤였고, 금주령으로 술을 구하기가 어려워지자 응접실에서 남자들만이 참석하는 파티를 열어 시간을 보내곤 했다. 토베는 자전적 소설《조각가의 딸》(1968년)에서 테스토스테론과 술로 가득 찬 이 모임(핀란드에서는 히포르라고 한다)에 대해 생생하게 묘사했다.

핀란드 내전은 토베의 성장 과정 전반에 걸쳐 영향을 미쳤다. 헬싱키 카타야노카 지역의 루 오시카투 4번가에 있는 얀손의 집에서 가장 소중하게 여겨진 물건은 아버지가 수집한 수류탄이었다. 오직 빅토르 자신만이 수류탄을 만질 수 있었는데, 그는 이 같은 내전의 전리품을 마치 성스러운 유물처럼 소중히 여겼다.

조각가로서 빅토르의 전문 분야는 관능적인 여성상과 부드러운 어린아이의 모습이었다. 어머니와 토베는 종종 빅토르의 작품 모델이 되기도 했는데, 이와 관련해 얀손은 '아버지는 돌로 조각한 여성들만 좋아해서 실제 세상에 대해 무감각하며, 침묵하는 것 같다'고 말하기도 했다. 빅토르는 당시 핀란드 조각의 선두 주자였던 조각가 와이노 알토넨과 같은 수준의 찬사를 받지는 못했으며, 평범한 전쟁 기념비와 백위대(공산주의 적위대와 항쟁한 백군을 이르는 말 ─편집자) 영웅 동상을 제작하는 것이 주요 생계 수단이었다. 이러한 공적 주문 건수는 제한적이었으므로 생활비가 빠듯한 경우가 많았다. 빅토르와 결혼 후 섬유에 대한 예술적 꿈을 접었던 어머니는 다시 전문 일러스트레이터, 그래픽 아티스트, 캐리커처 작가로 활동하며 가족을 부양했다. 1924년부터 그녀는 핀란드 은행에서 제도사로 일하면서 지폐와 워터마크, 핀란드 국새를 디자인하는 일을 하게 된다.

토베는 어머니의 직업 윤리와 캐리커처에 대한 재능을 모두 물려받았다. 그림에 대한 그녀의 재능은 일찍부터 드러났는데, 그녀의 어린 시절 작품 중에는 두 살 반 때 그린 스케치도 있다. 열네 살 무렵이 되면 삽화, 시, 연재만화를 출판하면서 토베는 궁핍한 가정 경제에도 기여하게 되었다. 이 같은 창작 활동에 대한 금전적 보상은 불규칙적이기 일쑤였지만, 그럼에도 어린 토베는 '예술가가 아닌 모든 사람들에게 미안한 마음'을 갖고 자랐다고 회상했다.

모든 어려움에도 불구하고 토베는 어린 시절을 게임과 소풍으로 가득했던 시절로 기억하며, 헬싱키를 떠나 매년 여름에 보내는 가족 여행은 특히 즐거웠다

▼ 핀란드 펠린키 군도의
어느 섬에서 바라본 풍경

고 말했다. 계절별 별장(다차)이 있는 러시아인들과 달리 핀란드 중산층은 여름철에 시골로 휴가를 떠나는 것이 일반적이었는데, 비록 금전적인 어려움이 있긴 했지만 얀손 가족도 예외가 아니었다. 은행에서 일하는 어머니는 주말과 휴일에만 외출할 수 있었지만, 아버지와 토베 그리고 그녀의 형제인 페르 올로프와 라스를 돌봐주는 가정부는 여름을 휴가지에서 보냈다.

처음에 얀손 부부는 스톡홀름 군도의 블리도 섬에서 어머니의 스웨덴 친척들과 함께 여름을 보냈다. 하지만 1922년부터는 거의 매년 핀란드의 펠린키 섬(스웨덴어로는 펠링게)으로 휴가를 떠났다. 해변과 키 큰 나무와 초목이 있는 블리도 섬은 연구자들 사이에서 무민 계곡의 후보 중 하나로 거론되어 왔다. 하지만 토베의 마음속에 항상 가장 소중하게 남아, 가장 오랫동안 창의력을 키워준 곳은 펠린키 군도였다. 그곳에서 토베는 남동생 올로프와 추함에 대한 철학적 토론을 나눈 후, 별장 옆 오두막의 나무 벽에 무민 캐릭터의 초기 버전을 그렸다. 이 가상의 생물체에는 '스노크'라는 이름이 붙여졌다.

펠린키 군도는 헬싱키에서 동쪽으로 약 50킬로미터, 포르보에서 남동쪽으로 22킬로미터 떨어진 핀란드 만의 북쪽에 있다. 약 200개의 개별 섬으로 구성되어 있으며 그중 가장 중요한 섬은 순도, 룰란데트, 릴펠링레, 외란데트, 수르펠린키다. 얀손 부부는 수르펠린 키의 에데수덴에 있는 첫 번째 별장을 현지 주민인 구스타프손 가족으로부터 임대했는데, 토베와 동갑이

었던 알버트(아베) 구스타프손은 토베의 평생 친구가 되었다.

얀손 가족은 브레드스카르로 갔는데, 토베와 라스는 섬을 강타하는 강풍을 견뎌낼 정도로 단단한 오두막을 지어 모두를 놀라게 했다. 한편, 악천후는 신기하게도 '파판'에게서 최고의 모습을 이끌어냈다. 토베는 아버지가 우울한 사람이었지만 "폭풍우가 몰아치면 밝고 유쾌하며 아이들과 함께 위험한 모험을 떠날 준비가 된 다른 사람이 되었다."라고 썼다. 이러한 상황에서 가족을 구하고 보호하려는 그의 열망은 여러 무민 책에 등장하는 무민 파파의 행동에서 유사점을 찾을 수 있다. 아버지와 정중하게 대화를 나눌 수 없던 시기에도 그녀는 펠린키에 머무는 친척들과 더불어, 늦봄부터 가을까지 이어지는 여름날의 마법 같은 계절에 섬을 찾은 가족들과 합류하곤 했다. 얀손 가족 전체, 특히 토베에게 가장 중요한 것은 이 섬이 가족 모두에게 바다를 만끽할 기회를 줬다는 점이었다. 올로프는 숙련된 다이버였고, 라스는 열정적인 뱃사람이었으며, 토베는 바위 해안에서 파도를 관찰하는 일을 가장 좋아했다. 바다에 대한 토베의 이 같은 사랑은 무민 작품뿐만 아니라 물을 소재로 한 다양한 그림(예를 들어 핀란드 요새 도시 하미나의 300주년 기념 벽화에는 파도 위를 날아다니는 범선, 인어와 기타 환상적인 해양 생물이 등장한다), 그림, 영화 및 라디오 대본, 소설, 이야기 등에서 다양하게 표현되었다.

1965년, 토베와 그녀의 인생 파트너인 그래픽 아티스트 투울리키 '투티' 피에틸레는 군도 외곽에 있는 작은 섬 클로바룬을 처음 방문하고 그곳의 매력에 푹 빠졌다. 어릴 적 펠린키의 또 다른 외딴 위성인 쿠멜스카르의 등대지기가 되는 것이 꿈이었던 토베는 그 외딴 섬의 매력에 빠져들었다. 그녀는 이 섬을 '글로샴 서쪽의 무인도 초승달 모양'의 목걸이처럼 생긴 '가장 크고 예쁜 진주'라고 묘사했다.

토베와 투티는 클로바룬에 투티의 건축가 동생 레이마 피에틸라와 그의 배우자 레일리가 설계한 오두막집을 지었다. 세계 곳곳을 여행하고 온 그들은 이후 26년 동안 클로바룬에서 여름을 보내며 글쓰기, 그림 그리기, 낚시, 항해, 수영을 하며 현지 풍경 그리고 야생동물과 더불어 시간을 보냈다.

클로바룬을 발견한 후 가장 먼저 완성한 책 중 하나는 등대를 향한 토베의 오랜 꿈과 관련된 이야기이자, 바다에 대한 찬가인《바다의 무민파파》였다. 토베는 이곳에서 자신의 저작 중 가장 유명한 성인서 중 하나인《여름 책》을 집필하기 시작했고, 또한 토베가 글을, 투티가 그림을 담당하여《섬에서의 노트》라는 제목으로 클로바룬의 역사, 지형, 신화를 기리는 작품을 출판했다. 그러나 1992년 토베의 건강이 악화되고 여름철에도 클로바룬을 방문할 수 없게 되자(핀란드의 혹독한 겨울에는 섬으로 들어가는 길은 완전히 차단되었다), 부부는 마지못해 오두막을 포기하고 지역 커뮤니티 협회에 기증하였다. 협회는 매년 7월 한 달 동안 방문객들에게 이들의 오두막을 개방하고 있다.

◀ 토베 얀손(왼쪽)과 투울리키 피에틸레,
1961년, 핀란드 브레드스카르

프리다 칼로와 디에고 리베라, 쿠에르나바카로 신혼 여행을 떠나다

Frida Kahlo, 1907~1954 & Diego Rivera, 1886~1957

멕시코의 화가 프리다 칼로와 디에고 리베라의 관계는 미술사에서 가장 격동적인 감정을 보여줌과 동시에 가장 창의적으로 결실 맺은 관계 중 하나였다. 두 사람은 서로를 영감과 격려의 원천으로 삼아 서로의 초상화를 수없이 그려내는 한편, 결혼과 유산, 이혼과 재혼 그리고 양쪽 모두에서 벌어진 무수한 외도 사건을 겪으며 파란만장한 관계를 이어갔다. 리베라는 칼로의 여동생과 동침했고, 양성애자인 칼로는 러시아 혁명가 레온 트로츠키, 미국계 일본인 조각가 이사무 노구치, 미국 화가 조지아 오키프를 연인으로 언급했었다.

칼로가 리베라와 처음 만난 것은 1922년, 그녀가 열다섯 살 무렵으로 멕시코시티의 명문인 국립 예비학교 원형극장에서 벽화를 그리던 시기였다. 6년 후, 이탈리아인 사진작가 티나 모돗티라는 공통의 친구를 통해 재회한 두 사람은 리베라가 루페 마린이라는 여성과 결혼해 있는 상태임에도 불구하고 빠르게 사랑에 빠지게 된다. 칼로는 훗날 마린의 초상화를 그리기도 했다.

디에고와 결혼하기 전에는 비교적 관습에 맞는 옷을 입었던 칼로는 디에고의 영향을 받아 테후아나의 옷과 장신구 등 그녀의 트레이드마크가 된 멕시코 스타일의 의상을 강조하게 된다. 1929년 8월 21일 멕시코시티 자치구인 코요아칸의 시청에서 열린 두 사람의 결혼식에서 프리다는 멕시코 원주민 하녀에게 빌린 드레스를 입었다. 리베라는 마흔두 살이었고 칼로는 그보다 스무 살 어렸다.

그해 12월, 리베라는 멕시코 주재 미국 대사였던 드와이트 모로의 의뢰로 멕시코시티에서 남쪽으로 약 64킬로미터 떨어진 쿠에르나바카의 코르테스 궁전에 벽화를 그려 달라는 요청을 받았다. 리베라와 모로는 전혀 어울릴 것 같지 않은 동료였다. 리베라는 공산당 당원이었고 모로는 미국 자본주의에 대한 확고한 신봉자였기 때문이다. 벽화가 그려질 장소와 작품의 주제 역시 마찬가지였다. 아즈텍 피라미드 유적 위에 지어진 이 궁전은 코르테스가 약탈한 멕시코의 금과 기타 보물을 보관하는 데 사용되었다. 리베라는 스페인 정복의 잔인함을 묘사했을 뿐만 아니라 멕시코 혁명의 성공을 찬양하는 벽화 또한 자유롭게 그려 넣었다. 에밀리아노 사파타가 백마를 탄 영웅의 모습으로 등장하는 벽화였다. 그 내용은 과격했지만, 벽화의 주인이 미국 정부라는 사실에 많은 동료 공산주의자들이 분노했고, 그들은 이 예술가의 위선을 비난하며 그를 공식적으로 당에서 추방했다.

리베라가 벽화를 완성하는 기간 동안, 쿠에르나바카에 있는 모로의 저택 카사 마냐나를 무료로 사용할 수 있는 혜택이 추가로 주어졌다. 정원과 분수가 있고

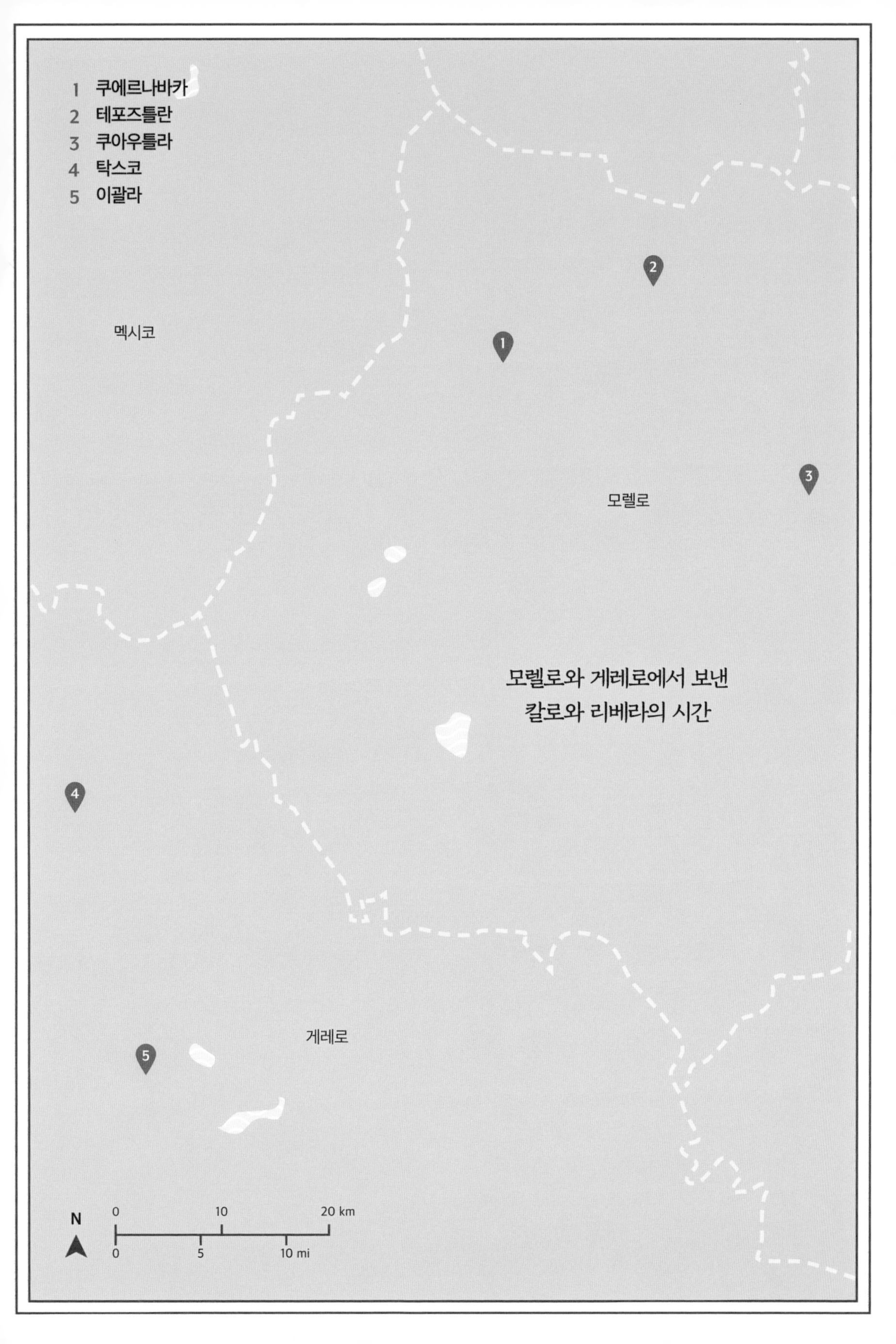

1 쿠에르나바카
2 테포즈틀란
3 쿠아우틀라
4 탁스코
5 이괄라
멕시코
모렐로
모렐로와 게레로에서 보낸
칼로와 리베라의 시간
게레로
N
0
10
20 km
0
5
10 mi

동쪽으로는 눈 덮인 화산 포포카테페틀과 이즈타치우아틀이 보이는 이 집은 두 사람의 신혼 초기에 목가적인 배경이 되었다.

리베라는 매일 그림을 그리기 위해 궁전으로 향했고, 칼로는 자주 그와 동행했다. 그녀는 점심시간이면 꽃으로 장식된 바구니에 식사를 담아 가져다주곤 했다. 또한 리베라의 작품을 비평하며 그의 작업 중 자신의 기준에 부합하지 않는 부분은 다시 그리도록 했다. 리베라는 나중에 '프리다의 조언에 따라 사파타가 탄 흰 말의 색깔을 수정해야 했다'고 회고했다. 칼로는 멕시코 혁명가가 검은 말을 탔다고 알려졌던 만큼 처음에는 말의 색깔에 의문을 품었지만, 민중을 위해 아름다운 것을 만들어야 한다는 리베라의 주장을 받아들였다. 그럼에도 불구하고 그녀는 말의 다리가 너무 무거워 보인다는 이유로 그를 질책했고, 그는 그녀의 조언에 따라 말의 다리를 다시 칠했다.

벽화 작업은 진척이 매우 더뎠다. 리베라가 열심히 작업하는 동안 결혼 후 자신의 몸과 마음을 리베라에게 바치느라 정작 자신의 그림에는 소홀했던 칼로는 다시 그림을 그리기 시작했다. 멕시코 원주민 어린이 초상화를 여러 점 그렸고, 나뭇잎으로 둘러싸인 멕시코 원주민 여성의 초상을 그렸으며, 세 번째 자화상도 이곳에서 시작했을 가능성이 높다.

쿠에르나바카와 주변 마을인 탁스코, 이괄라, 테포즈틀란, 쿠아우틀라의 유적지 답사는 그녀를 예술가로 성장시키는 데 큰 역할을 했을 것이다. 그녀는 식민지 시대 건축에 대해 배우고, 아즈텍의 과거를 탐구하고, 최근의 멕시코 토착 민속 문화를 탐구했다. 일요일

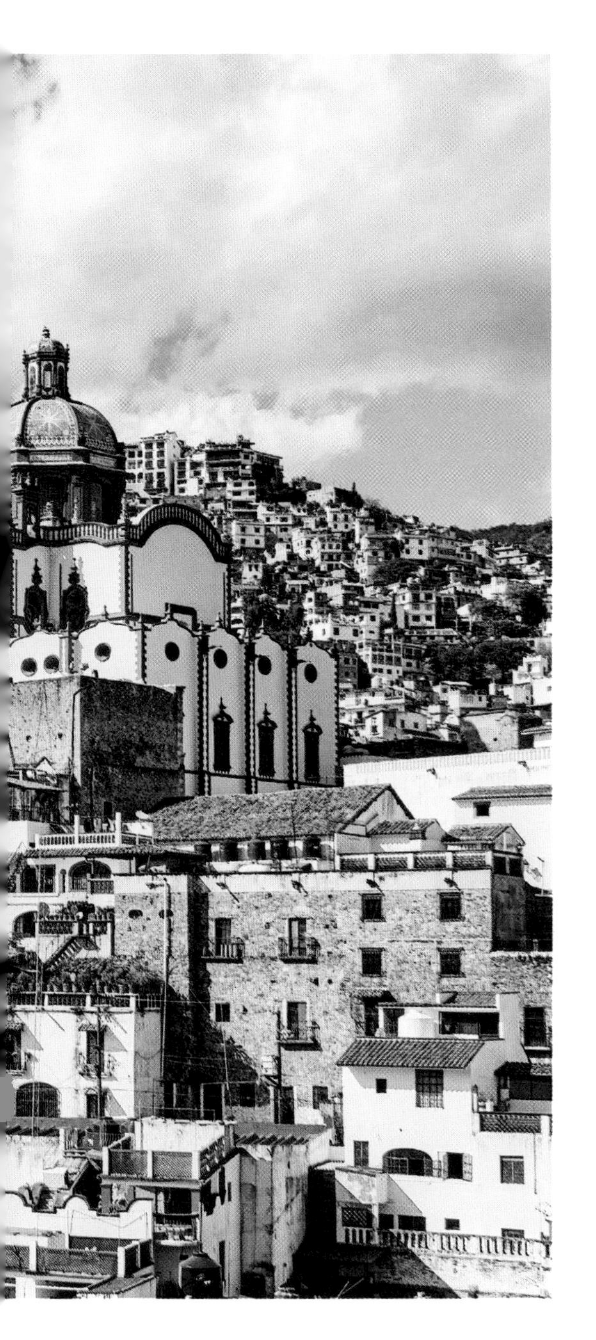

◀ 멕시코, 탁스코

이면 리베라도 함께 이런 답사 여행을 떠났는데, 그는 향후 작품에 활용할 수 있는 강력한 주제와 이미지를 찾고 있었다. 이후 이들은 멕시코 피라미드와 털이 없는 멕시코산 개를 자신들의 회화 어휘집에 추가했다.

쿠에르나바카에서의 짧았던 체류는 비교적 평화로웠으나 그 시기 프리다는 유산을 겪었고, 첫 번째 유산으로 영원히 아이를 가질 수 없게 된 것은 이 부부에게 큰 상처가 되었다. 1930년 11월, 리베라가 태평양 증권거래소 오찬 클럽에 벽화를 그리기 위해 고용되자 부부는 멕시코를 떠나 샌프란시스코로 향했다. 리베라는 레닌이 혁명가들에게 적진에서 일하라고 조언했다는 사실을 지적하며 멕시코 공산주의자들의 모함을 일축했다.

▼ 멕시코, 쿠에르나바카 대성당

▶ 코르테스 궁전의 디에고 리베라, 1930년

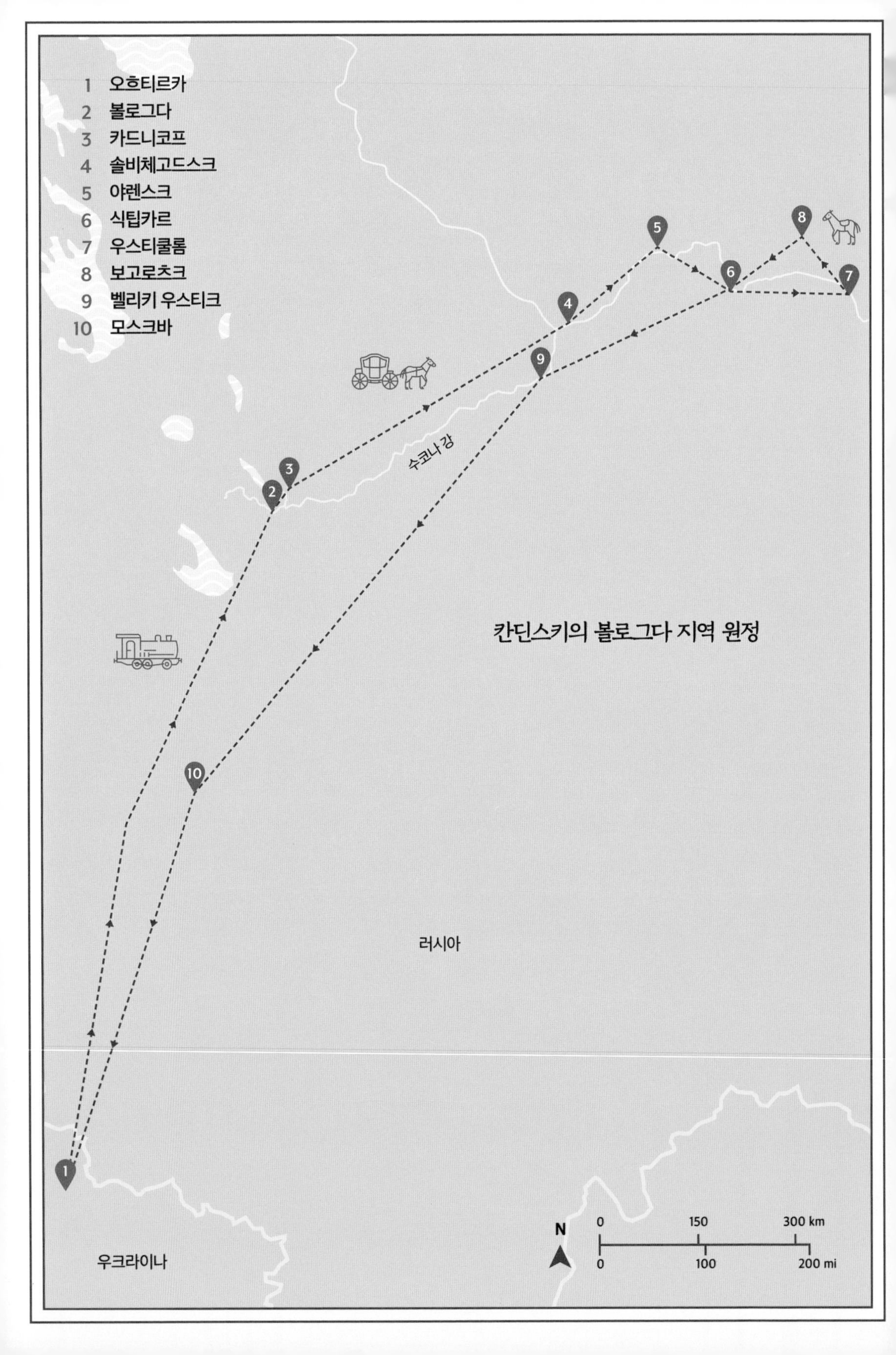
1 오흐티르카
2 볼로그다
3 카드니코프
4 솔비체고드스크
5 야렌스크
6 식팁카르
7 우스티쿨롬
8 보고로츠크
9 벨리키 우스티크
10 모스크바
수코나 강
칸딘스키의 볼로그다 지역 원정
러시아
우크라이나
N
0
150
300 km
0
100
200 mi

바실리 칸딘스키, 볼로그다에서 예술적 소명을 찾다

Wassily Kandinsky, 1866~1944

1889년 5월 28일, 바실리 칸딘스키라는 이름의 유망한 젊은 법학자가 잘 알려지지 않은 러시아 지역인 볼로그다를 탐사하기 위해 모스크바를 떠났다. 볼로그다는 우랄 산맥과 시베리아 서쪽 국경에 위치한 곳이다. 칸딘스키의 연구 여행은 '권위 있는 자연과학, 인류학 및 민족지학의 친구들'이라는 명성 높은 단체에서 후원을 받았고, 그 목표는 두 가지였다. 1913년에 그가 회고록에서 털어놓았듯 "러시아 시민들 사이에서 농민 형법을 연구하고, 점차 사라져 가는 자이리아인 어부와 사냥꾼들 사이의 이교도 종교의 잔재를 수집하는 것"이 그 임무였다.

1861년 러시아에서 농노제가 폐지된 이후, 해방된 농민들은 어느 정도의 경제적 자치권과 함께 자신들의 법적 분쟁을 스스로 판결하고 심지어 지역 법규에 따라 특정 범죄 행위를 처벌할 수 있는 권한을 부여받았다. 이 '농민법'은 칸딘스키가 1885년에 모스크바 대학에 입학하여 법학을 공부하면서 특히 관심을 가지게 된 분야였다. 그의 첫사랑이었던 예술은 '러시아인에게 허용될 수 없는 사치'라는 무거운 결론을 내린 후, 칸딘스키는 농민법에 매진하게 되었다.

미술사학자 페그 와이스는 칸딘스키의 출신 배경에 다양한 국적이 혼합돼 있었기 때문에 그가 민족지학(민족학 연구와 관련된 자료를 수집, 기록하는 학문—편집자)에 개인적인 관심을 가지게 됐으리라 주장했다. 칸딘스키 자신은 모스크바에서 태어나 흑해 연안의 오데사에서 자랐지만, 그의 어머니는 독일 발트해 연안 출신이었고, 성공한 차 상인이었던 아버지는 러시아와 몽골 국경의 캬흐타 출신이었다. 칸딘스키의 모국어는 독일어였으며, 그가 탐험을 위해 작성한 독서 목록에는 자이리안-독일어 사전이 포함되어 있었다. 그러나 그가 경전처럼 여긴 것은 고대 핀란드의 구전 민속과 신화를 바탕으로 19세기에 편찬된 시적 서사시《칼레발라Kalevala》의 사본이었다.

가족 사이에 전해지는 전설에 따르면 칸딘스키 가문은 정치적 이유로 서부 시베리아에서 추방된 후 동부 시베리아로 이주한 것이었다. 따라서 볼로그다 지역의 변두리, 서부 시베리아의 최전방으로 향한 칸딘스키의 탐험은 그 자신의 조상을 찾아 연결고리를 찾으려는 시도였을 것이다.

자이리아인(칸딘스키는 이들이 스스로를 코미라고 부르는 것을 선호한다는 사실을 알게 되었다)은 핀란드-우그릭계 민족으로, 언어와 관습을 통해 기독교 시대 이전의 신념을 많이 간직하고 있었다. 인구는 적지만 광활한 지역에 흩어져 살았던 코미족은 울창한 타이가 숲을 누비며 풍부한 사냥감을 노리던 뛰어난 사냥꾼이자 어부, 목축업자였다. 이들은 주로 북부 드비나, 수코나, 페초라, 비첵다, 시솔라 강 등을 통해 활발한 교역을 했으며, 이 강들은 당연히 칸딘스키가 코미족의 영토를 여행하는 데 도움이 되었다.

칸딘스키 여행의 출발점은 우크라이나의 오흐티르카Akhtyrka였는데, 그의 사촌이자 훗날 첫 번째 부인이 되는 안나 체미아키나의 가족이 전원 휴양지를 가지고 있던 곳이었다. 이 집과 인근의 시골 풍경은 〈연못가의 다차〉, 〈가을의 오흐티르카〉 등 칸딘스키의 수많은 그림에 등장하게 된다. 안나는 칸딘스키와 함께 탐사의 첫 단계로 북부 드비나 유역의 볼로그다라는 동명의 강변 도시로 기차 여행을 시작했다. 그곳에서 칸딘스키는 저렴하지만 깨끗하다고 생각한 골든 앵커 여관에 여장을 풀었다. 또한 수염 난 남자 머리와 물고기 꼬리를 가진 신화 속 생물 바사(물의 정령)를 스케치하여 여관 현관 문위에 조각했는데, 그것은 앞으로 일어날 일들을 암시하는 것과 같았다. 볼로그다는 모스크바 크렘린의 도미티온 대성당을 본떠 지은 성 소피아 대성당을 포함한 많은 성당으로 유명하지만, 실상 칸딘스키는 이곳에서 이교도와 기독교도가 어떻게 공존하는지를 발견하게 되었던 것이다.

안나를 배웅한 후 칸딘스키는 거의 '나무로만 지어진' 카드니코프 마을로 향했는데, 그곳에서 코미족에 대한 연구를 수행하던 인류학자이자 황실 학회 회원인 니콜라이 이바니츠키를 만나기로 되어 있었다. 두

▼ 러시아, 솔비체고스크의
성모 영보 대축일 대성당

사람은 함께 지역 시립 도서관을 방문했고, 이바니츠키는 칸딘스키가 이 지역의 기온이 6월과 7월에도 10도씨 정도밖에 되지 않고 밤에는 영하로 떨어지기 일쑤라는 사실을 인지하지 못한 것을 알아차리고 따뜻한 옷을 사다 주었다.

친구가 선물해 준 새 옷은 다음 여정에서 특히 도움이 되었다. 스프링이 없는 마차를 타고 거친 시골길을 따라 수코나 강 한 구간에 도착한 칸딘스키는 주로 노동자들이 이용하는 증기선에 올랐다. 솔비체고드스크에서 소를 위한 기도를 바치는 십자가를 스케치한 후 다시 나무로만 이루어진 건물들이 있는 야렌스크 마을에 도착했는데, 그 마을에는 여관이 없었기 때문에 곧바로 식팁카르(우스트-시솔스크)로 계속 이동해야 했다. 코미족의 행정 중심지에서 칸딘스키는 지역 주민들을 인터뷰하고, 이야기와 노래를 수집하며, 호밀에 깃들어 있다고 믿어지는 여신 폴루드니타에 대해 조사하고, 마을 아이들을 데리고 도망쳤다는 무시무시한 숲 괴물에 대해 들으면서 바쁘게 지냈다. 여기서 그는 우랄 산맥에서 322킬로미터도 채 떨어지지 않는 우스티쿨롬까지 모험을 떠났고, 다시 말을 타고 보고로츠크까지 갔다가 배와 이륜차를 타고 식팁카르로 돌아갔다. 그곳에서 집으로 돌아가는 길을 떠났고, 6월 28일에 벨리키 우스티크에 도착했다. 그리고 모스크바를 거쳐 7월 3일에는 오흐티르카로 돌아왔다.

그의 탐험은 겨우 6주 동안 진행되었지만 칸딘스키는 총 2,575킬로미터를 이동하며 500페이지가 넘는 노트를 작성했다. 그리고 부지런히 축적된 현장 조사 데이터와 함께 전통 의상, 파이 모양의 코미 빵부터

성화와 농기구에 이르기까지 수많은 그림을 그렸다.

이후 칸딘스키는 이 여행을 다른 세계를 발견하는 것에 비유하며, "갑자기 모든 사람들이 머리부터 발끝까지 회색 옷을 입고 황록색 얼굴과 머리를 하고 있거나, 두 발로 걸어 다니는 밝은 색의 살아있는 그림처럼 다양한 의상을 입고 있는 마을에 도착했다. 조각으로 뒤덮인 거대한 목조 가옥은 결코 잊을 수 없을 것이다."라고 썼다. 그는 집 자체를 그림과 비슷하게 묘사했는데, 각 집의 내부에는 생생하고 강렬한 색상들이 만화경처럼 넘쳐난다. 테이블과 트렁크와 같은 내부 벽과 가구는 모두 밝게 장식되어 있고, 구석에는 성상 및 기타 성물, 호밀 잎 등이 놓여 있다.

일상적인 것, 성스러운 것, 이교적인 것이 혼합된 이러한 민속 예술과 장식은 화가에게 깊은 인상을 남겼다. 그 영향은 〈일요일(옛 러시아)〉, 〈볼가의 노래〉, 〈잡다한 삶〉 등 러시아 동화가 가미된 그의 다채로운 작품에서 잘 드러난다. 이 탐험은 칸딘스키에게 결정적인 경험이 되었으며, 결국 화가가 되기로 결심하는 중요한 계기로 작용했다. 1896년 아내와 함께 뮌헨으로 이주한 칸딘스키는 안톤 아즈베의 회화 수업에 등록했고, 그때부터 미술에 전념했다.

◀ 벨리키 우스티그, 세인트 존 정교회

▲ *볼가의 노래*, 1906

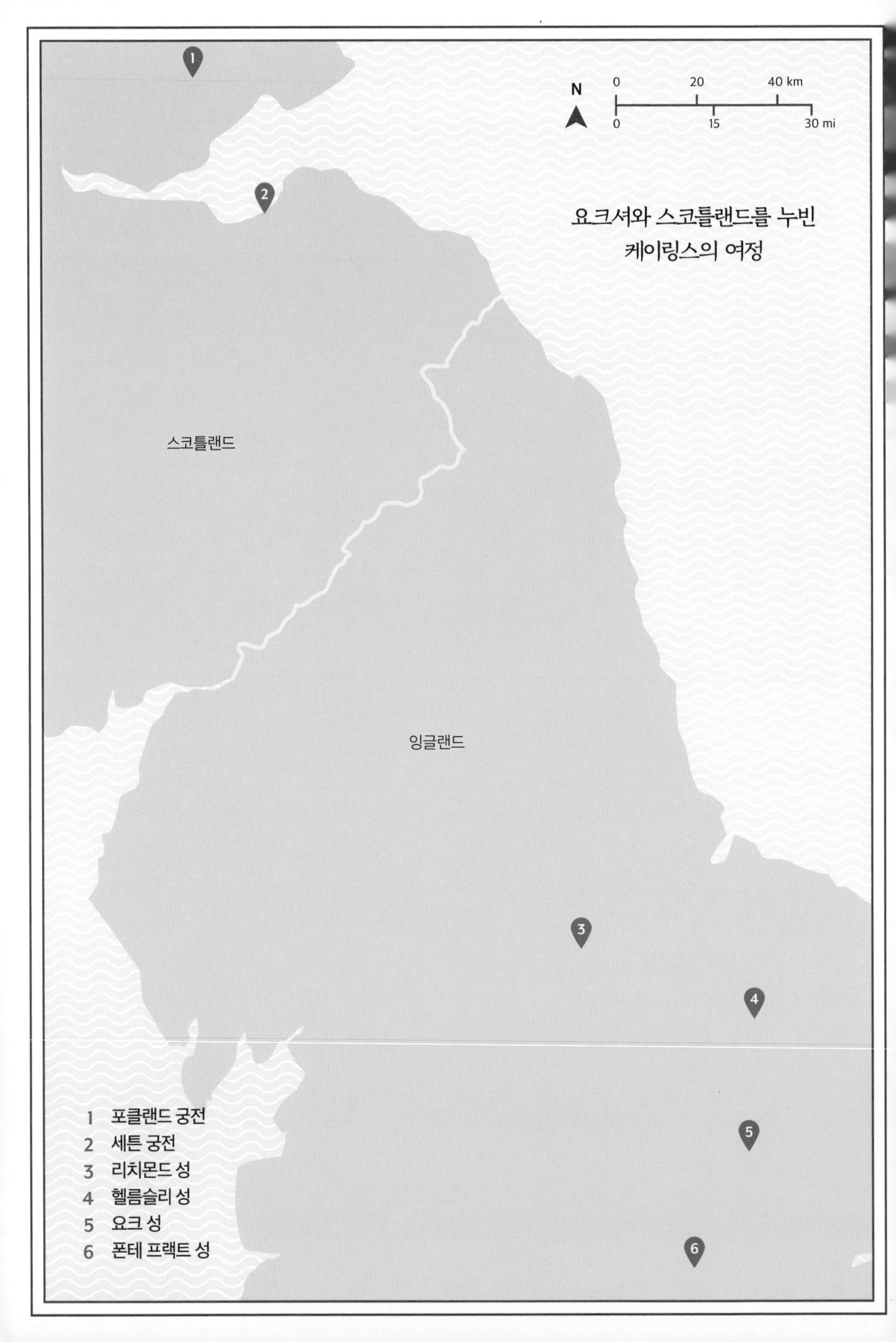
N
0
20
40 km
0
15
30 mi
요크셔와 스코틀랜드를 누빈
케이링스의 여정
스코틀랜드
잉글랜드
1
2
3
4
5
6
1 포클랜드 궁전
2 세튼 궁전
3 리치몬드 성
4 헬름슬리 성
5 요크 성
6 폰테 프랙트 성

케이링스, 요크셔와 스코틀랜드에 있는 왕들의 성을 그리다

Alexander Keirincx, 1600~1652

1649년 1월 30일의 몹시 추운 아침, 찰스 1세는 런던 웨스트민스터의 화이트홀 궁전 연회장을 지나 궁전 마당에 있는 처형대로 향했다. 병약하고 나약한 제임스 1세의 둘째 아들이었던 찰스는 자신이 왕이 되리라고는 꿈에도 생각하지 못했다. 하지만 많은 존경을 받던 형 헨리 왕자의 갑작스러운 죽음으로 1625년, 18세의 나이로 즉위한다. 그가 마지막으로 본 것은 예술을 사랑했던 군주가 네덜란드의 거장 피터 폴 루벤스에게 의뢰했던 아홉 점의 그림이었다.

찰스 1세의 통치 초기 기간 동안 그의 주요 고문은 버킹엄 1세 공작 조지 빌리어스였다. 빌리어스는 찰스의 아버지, 제임스 1세로부터 두터운 신임을 받았던 사람이며, 찰스 역시 그를 깊게 신뢰했다. 그러나 빌리어스는 해군 사령관으로서의 무능과 사치스러움으로 대중과 의회의 경멸을 샀고, 1628년에는 포츠머스에서 암살당했다. 그렇지만 예술에 대한 열정만큼은 남달랐던 사람으로, 루벤스와 플랑드르의 대표적인 화가 안토니 반 다이크에게 초상화를 의뢰하기도 했으며 스페인 합스부르크 왕실의 미술품 컬렉션과 견줄만한 컬렉션을 만들고자 하는 찰스의 야심을 격려해 주었다. 처음에 찰스는 베네치아의 티치아노 같은 이탈리아인 작품에 매료되었으나, 빌리어스의 추천에 따라 북유럽 미술작품을 더 많이 모으기 시작했다. 1632년 찰스는 반 다이크를 궁정 화가로 초빙했고, 영국에 도착하자마자 화가는 왕과 그의 가족을 그린 유례없는 대규모 초상화 작업에 돌입했다.

반 다이크에게 지불된 이주비용과 고액의 급여 및 인센티브(대부분의 경우 최대 100파운드에 달하는 후원금에 그림 한 점당 추가되는 비용까지 더한 금액이었다)에 대한 소문은 삽시간에 퍼져, 네덜란드를 비롯한 다른 저지대 국가 화가들 다수가 왕의 후원을 받고 영국으로 오기를 원하게 되었다. 1633년 네덜란드 화가 얀 리벤스, 헨드릭 포트, 코넬리스 반 포엘렌버그와 네덜란드 은세공인 크리스티안 반 비넨은 모두 웨스트민스터의 오차드 스트리트에 있는 우아한 저택에 머물렀던 것으로 기록되어 있다.

앤트워프 출신의 풍경화가 알렉산더 케이링스 또한 친구였던 반 포엘렌버와 함께 여러 점의 그림을 공동 작업했기 때문에 당시 런던에 있었다는 설이 있다. 그러나 케이링스는 1636년 아내와 함께 암스테르담에 살고 있었던 것으로 알려져 있으며, 찰스 1세가 연간 60파운드의 연금을 지급한 1638년 4월 25일에 처음으로 회계 장부에 이름이 등장한다. 그가 런던에서 더욱 확고한 지위를 갖게 된 증거는 1838년 9월, 왕실 임대 계약서에 케이링스와 반 포엘렌버가 해외에서 온 예술가이자 '거주'자로 등재된 것에서 확인할 수 있다.

미술사학자 리처드 타운센드의 의견처럼 "이듬해 화가는 자신의 경력은 물론 영국 회화사에 있어 분수령

이 되는 순간"이라고 할 의뢰를 맡게 되는 만큼 런던으로의 이주 시점은 매우 적절했다. 케이링스는 요크셔와 스코틀랜드에 있는 왕의 사유지 10곳을 그리는 일을 맡게 되었다. 완성된 그림들은 영국 미술에서 최초의 주택 초상화는 아니더라도 가장 초기의 대표작 중 하나로 간주되며, 이후 18세기에 성행하기 시작한 해당 장르의 훌륭한 선례가 되었다.

그러나 동시에 이러한 그림들은 찰스 왕이 스코틀랜드와 불필요하게 벌인 전투가 영국 내전에서 결정적인 역할을 하게 될 것임을 예견하는 조짐이기도 했다. 찰스는 던펌라인 궁전에서 태어난 스코틀랜드 토박이였다. 1633년 스코틀랜드 국왕으로 즉위하자마자 그는 스코틀랜드 장로교회를 개혁하기 위해 공동 기도문을 제정함으로써 국경 이남의 교회와 예배를 일치시키기로 결심했다. 1637년 7월 23일, 찰스가 에든버러의 세인트 자일스 대성당에서 기도서를 낭독하자, 신자들은 "가톨릭 미사가 난입했다"라고 외치며 소요를 일으켰다.

상황을 진정시키려는 외교적 시도는 실패로 돌아갔고, 1639년 2월 스코틀랜드는 스코틀랜드 교회의 우월성과 자치권을 재확인하는 국가 언약을 작성했다. 찰스는 28,000명의 군대를 소집, 아룬델 백작 토마스 하워드와 함께 군사적 힘을 보여주며 반란을 진압하려 했다. 아룬델 백작을 수행한 보헤미안 예술가 바츨라프 홀러는 군대의 승전보를 기록하기 위해 아룬델 백작과 함께 말을 탄 왕을 묘사한 여러 작품을 그렸다. 케이링스도 승전 행렬을 묘사하는 그림을 그리기 위해 같은 대열에 합류했거나 곧 뒤따랐을 가능성이 크다.

그렇게 왕의 군대는 5월에 노섬벌랜드 국경의 버윅

▼ ***폰테 프랙트 성,***
1620~1640

▶ 영국, 헬름슬리 성

에서 스코틀랜드인들을 마주하게 되었다. 수적으로 크게 열세라는 사실이 명백해지자 6월에는 피를 흘리지 않고 조약이 체결되었으며, 양측 군대는 해산되었다. 케이링스에게는 다행스럽게도, 찰스는 스코틀랜드에 있는 성을 돌려받게 되었다. 1639년 말까지 케이링스는 요크셔에 있는 네 곳의 장소를 그렸다. 그중 한 곳은 알려지지 않았지만 나머지 세 곳은 요크, 리치몬드, 헬름슬리로 쉽게 식별된다. 요크 성은 찰스가 그해 3월 스코틀랜드에 대한 공격을 시작하기 위해 군대를 집결시켰던 곳이다. 리치몬드는 요크셔의 왕실 요새였으며 헬름슬리도 (엄밀히 말하면 왕의 성은 아니었지만) 빌리에르 가문의 소유였다. 1640년 중반까지 완성된 다른 여섯 점의 풍경화 중 스코틀랜드 요새로 추정되는 두 점의 그림, 〈포클랜드 궁전과 파이프 하우〉와 〈세튼 궁전과 포스 하구〉만이 지금까지도 남아 있다.

케이링스는 경력 초기에 기존 연구를 바탕으로 작업하거나 신화나 성경의 도식에 기반한 그림을 그리는 경우가 많았다. 그러나 네덜란드 풍경화의 사실성이 높아지면서 찰스를 위해 그린 그의 그림들은 사실주의의 새로운 기준을 세웠다. 세튼 궁전 그림의 경우, 화가가 리곤헤드 근처에서 예비 스케치를 했던 정확한 지점이 학자들에 의해 발견되었다. 이처럼 미적 우아함과 지형적 정확성이 결합된 그의 그림은 당시로서는 매우 참신한 것으로 여겨졌으며, 당대의 풍경에 대한 귀중하고 탁월한 기록으로 남았다.

열 점의 풍경화는 모두 서리의 웨이브리지 근처 왕실 저택인 오트랜즈 궁전Oatlands Palace에 있는 24미터 길이의 갤러리에 걸렸는데, 이곳은 찰스의 아내이자 가톨릭 신자인 헨리에타 마리아가 결혼 후 별장으로 사용했던 곳이다. 케이링스는 영국 남북전쟁이 발발하기 1년 전인 1641년에 암스테르담으로 돌아올 예정이었다. 찰스 1세가 처형된 후 왕의 방대한 미술품 컬렉션은 왕실 부채를 해결하기 위해 매각되었고, 그 내용물은 유럽 전역에 흩어졌다. 1660년 왕실이 복권된 후 아들 찰스 2세에 의해 많은 왕실 그림이 다시 입수되었지만, 잃어버린 케이링스의 작품 네 점의 운명은 여전히 알려지지 않았다.

◀ 스코틀랜드, 포클랜드 궁전

파울 클레, 튀니지에서 인생의 전환점을 맞다

Paul Klee, 1879~1940

1914년 4월 초, 1차 세계대전이 발발하기 직전 서른다섯 살의 파울 클레는 튀니지를 방문했다. 미술사학자 사빈 레발트에 따르면, 튀니지에서의 체류 기간은 12일로 비교적 짧았지만 이 여행 경험은 예술가의 삶과 경력에 있어 전환점이 되었다.

클레의 여정은 독일의 문예전통에서 말하는 '성장과 발견의 항해', 즉 빌둥스 라이제Bildungsreise의 완벽한 예라고 할 수 있다. 튀니지에서 돌아온 클레는 처음 도착했을 때와는 완전히 다른 사람이 되어있었고, 그곳에서 마주한 것들로 인해 예전에 비해 한층 풍요로워진 예술가가 되었다.

클레는 스위스 베른 근교의 뮌헨부흐제에서 독일인 음악 교사와 스위스인 성악가 사이의 둘째 아들로 태어났다. 뮌헨의 미술 아카데미에서 공부한 후, 클레는 학업을 계속하고자 하는 많은 예술가들의 길을 따라 이탈리아를 여행하며 로마, 나폴리, 아말피 해안의 빛과 색채에 감동을 받았다. 새로운 세기의 첫 10년 동안 입체파의 도가니이자 예술의 가능성에 대한 새로운 이론으로 가득했던 파리에서의 체험은 그에게 또 다른 배움을 더해주었다. 얼마 지나지 않아 뮌헨으로 돌아온 그는 바실리 칸딘스키를 알게 되었고, 이후 러시아 출신이었던 칸딘스키는 클레의 위대한 스승이 된다. 칸딘스키는 표현주의의 선봉에 섰던 독일 화가 아우구스트 마케를 비롯한 아방가르드 예술가들의 느슨한 모임인 청기사파Der Blaue Reiter의 공동창립자이기도 하다. 1904년 두 달간 튀니지를 방문했던 칸딘스키의 여행은, 그로부터 10년 후 클레가 튀니지로 향하는 계기가 되었다.

마케가 클레와 함께 튀니지로 떠난 것은 공통으로 아는 친구였던 스위스 베른 출신 화가 루이 무아예 때문이기도 했다. 그는 건강상의 이유로 에른스트 야기 박사의 초대를 받았는데, 중증 천식 전문인 야기 박사는 가족과 함께 튀니지로 이주한 상황이었다. 그를 만나기 위해 튀니지에 방문한 세 사람은 곧장 이곳의 예술적 가능성에 매료되었다.

1914년 4월 5일 베른의 부모님께 아들 펠릭스를 맡긴 클레는 기차를 타고 제네바와 리옹을 거쳐 마르세유로 향하는 여정의 첫걸음을 내디뎠고, 기차가 정차해 있는 동안 도시로 나가 론 강변의 생선 요리 전문 레스토랑에서 점심을 먹으며 시간을 보냈다. 다음날 아침 마르세유에 도착한 클레는 정오에 마케, 무아예와 재회한 후 대서양 횡단 철도회사가 운영하는 '크고 멋진 배' 카르타고호에 승선했다. 클레는 '쾌적하고 깨끗한 선실'에 만족했으며, 유용하게도 '구토물을 담을 수 있는 작은 용기'도 구비되어 있었다고 언급했다.

1914년 4월 7일 아침, 사르데냐를 바라보며 잠에서 깨어난 클레 일행은 몇 시간 후 처음으로 아프리카 대륙을 목격한다. 감격에 겨운 클레는 일기장에 다음과 같이 적었다.

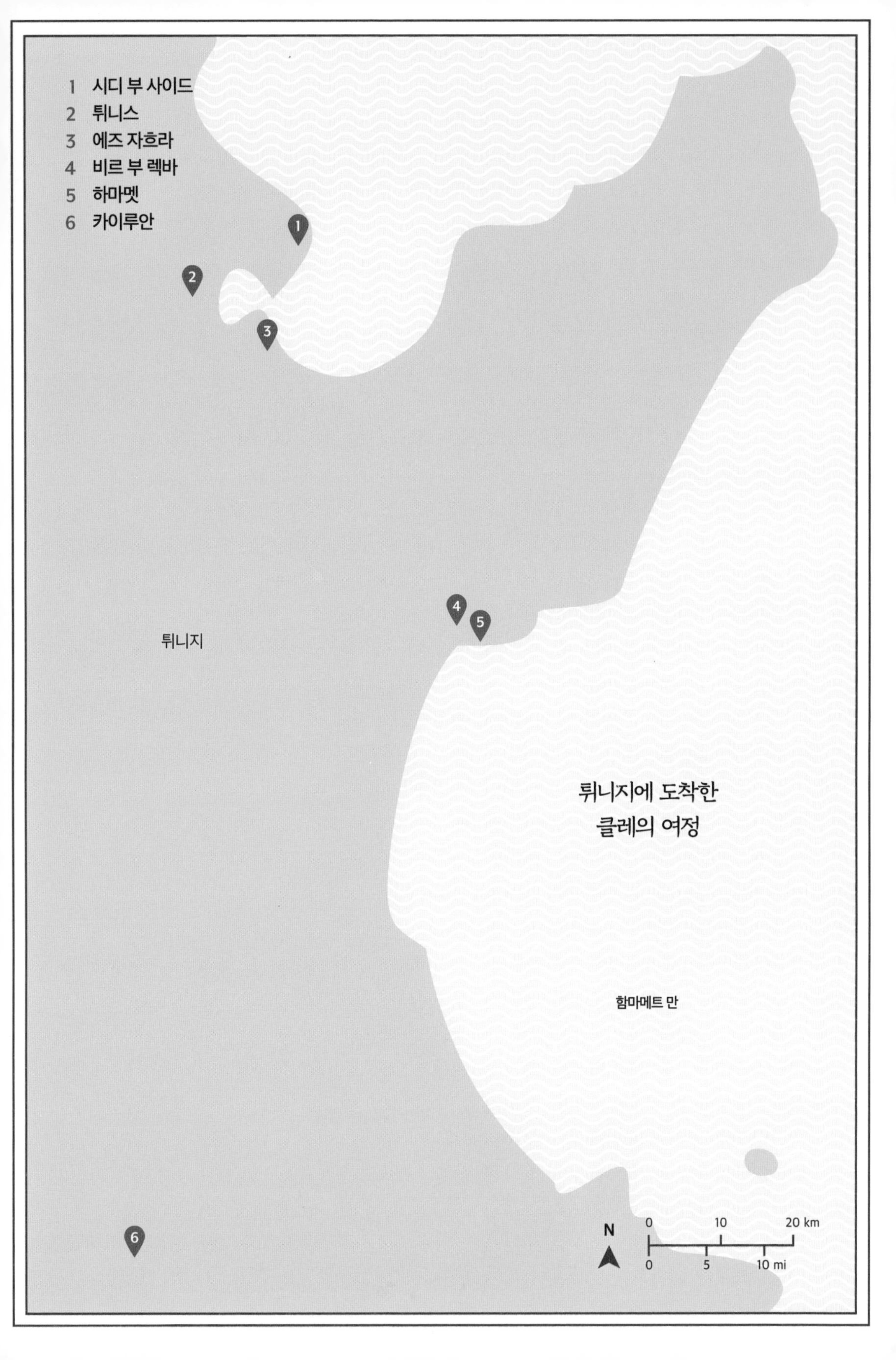
1 시디 부 사이드
2 튀니스
3 에즈 자흐라
4 비르 부 렉바
5 하마멧
6 카이루안
1
2
3
4
5
6
튀니지
튀니지에 도착한
클레의 여정
함마메트 만
N
0
10
20 km
0
5
10 mi

Café Sidi Chabaane

오후에 아프리카 해안이 드디어 눈앞에 펼쳐졌다. 최초의 아랍 도시인 시디 부 사이드의 산 능선을 따라 집들이 엄격하게 리드미컬한 형태로 뻗어 있는 모습을 뚜렷하게 볼 수 있었다. 동화가 현실이 되었다…. 우리의 호화로운 증기선은 끝없는 바다를 떠나 튀니스로 항해했다. 우리 뒤로 튀니스의 항구와 도시가 숨겨져 있었다. 긴 운하를 따라 내려갔고, 해안 아주 가까이에서 첫 번째 아랍인을 만났다. 태양의 힘은 어둡게 느껴졌고, 선명한 형형색색의 해변은 약속으로 가득했다. 마케도 그것을 느꼈다. 우리 둘 다 여기서 훌륭한 작품을 만들 수 있으리라 확신했다. 소박하고 음침한 항구에 배가 정박하는 모습은 매우 인상적이었다…. 배는 여전히 움직이고 있었지만 인부들이 곡예를 부리듯 밧줄 사다리를 타고 올라왔다. 멀리 아래쪽으로 야기 박사와 그의 아내, 어린 딸 그리고 그의 자동차가 보였다.

클레와 무아예는 튀니지에서의 첫날밤을 야기 부부의 집에서 보냈는데, 그곳은 유럽인 거주 지역에 위치한 7번지 스파르트 거리에 있는 파리풍 아파트였다. 한편 마케는 그랑 호텔 드 프랑스에 방을 잡았다. 세 사람이 튀니지에 머무는 대부분의 시간 동안 야기 박사는 관대한 호스트(클레는 그가 대접해 준 풍성한 식사에 대해 언급했다)이자 여행 가이드, 택시 운전사 역할을 해주었다. 도착 첫날 늦은 저녁, 야기 박사는 손님들을 데리고 아랍 지구를 함께 둘러봐 주었다.

◀ 튀니지, 시디 부 사이드

다음날 아침, 전날 밤의 소란스러움에 대한 인상으로 머릿속이 가득 찬 클레는 시간을 낭비하지 않고 곧바로 수채화 도구를 들고 시내로 나가 그림을 그리기 시작했다. 이후 거의 쉬지 않고 작업에 매달렸으며, 놀랍게도 마케의 두 배에 달하는 엄청난 작업량을 보여주었다. 클레는 도착한 지 3일 만에 75점의 스케치를 완성했고, 아내에게 보낸 편지에서 그간 경험하지 못했던 작업의 기쁨을 느낀다고 털어놓았다.

이곳에서 마케가 〈튀니지의 풍경〉 같은 모더니즘 걸작을 다수 창작하였다면, 클레는 예술가로서 보다 크게 성장하였다. 튀니지 거리의 감각적인 과부하, 건물과 풍경의 생동감 가운데 무언가 객관적으로 집착할 만한 대상을 찾는 과정에서 클레는 본격적인 추상화의 길로 들어서게 되었다. 〈튀니스의 길거리 카페〉는 의자와 테이블들이 활기차게 엉켜 있는 모습을 담고 있다. 사헵 에타바 사원을 묘사한 〈튀니스의 모스크 앞〉은 하파우인 광장에서 그렸으며, 〈튀니스의 빨강과 노랑 집〉은 나무 몇 그루가 있는 먼지가 많은 작은 광장 중 하나인

▶ 1914년, 튀니지의 모스크 앞에서 기념 사진을 찍은 아우구스트 마케(왼쪽)와 파울 클레(가운데)

◀ *하마멧*, 1914

메디나에서 제작되었다. 이 작품들을 통해 클레는 이국적인 동방이라는 진부한 비유에 의존하지 않고, 최소한의 붓 터치로 도시의 국제적인 분위기를 성공적으로 전달했다.

그해 성 금요일인 1914년 4월 10일, 야기 박사는 찌는 듯한 더위 속에서 예술가들을 자신의 시골 저택인 생제르맹(현재의 에즈 자흐라)으로 데려갔다. 이 저택 발코니에서 클레는 튀니스 근처 생제르맹 해수욕장을 그린 수채화 열 점 이상을 완성했다. 이곳에서 클레는 해수욕을 즐기고, 아이들을 위해 부활절 달걀을 장식하고, 저택 식당의 석고 벽에 두 명의 인물을 그려 넣었다. 녹색, 노란색, 테라코타 색상이 혼합된 야기 부부의 정원은 호기심 어린 클레의 눈을 사로잡았고, 〈플로라 사구〉와 〈튀니스 근처의 유럽 구역, 생제르맹의 정원〉이라는 작품이 탄생했다.

며칠 후 튀니스로 돌아온 두 사람은 배 위에서 처음 만났던 마을인 시디 부 사이드로 차를 몰고 이동했다. 클레는 이 마을의 바다 풍경을 수채화로 스케치하기 위해 잠시 멈추었다가, 튀니스보다 더 아름답다고 생각했던 로마 유적지 카르타고를 탐험하기 위해 산악 지대로 향했다.

다음 목적지인 하마멧까지는 기차를 타고 이동했다. 역에 도착한 그들은 들판에서 수돗물을 길어오는 단봉낙타를 보았는데, 매우 인상적인 풍경이었다. 클레는 '구불구불하고 날카로운 모퉁이로 가득한' 이 도시는 '선인장 벽이 늘어선 멋진 정원, 뱀을 부리는 요술사와 탬버린 연주자들의 공연으로 활기가 넘치는 거리'로 장관을 이루었다고 회고했다.

클레와 그의 동료들은 이후 비르 부 렉바의 기차역으로 걸어가 카이로완으로 가는 기차를 탔다. 이곳에서 클레는 튀니지 체류 중에 완성한 것 중 가장 유명한 작품인 〈붉은 돔과 흰 돔〉을 그렸는데, 사브브의 모스크로 알려진 시디 아모르 아바다의 다섯 개 큐폴라(돔과 같은 양식의 둥근 천장 —편집자)를 담은 연작 중 하나다.

이후 클레는 생제르맹에 있는 야기 박사의 정원을 한 번 더 들른 후 튀니스의 박물관을 방문했다. 약간 지루하기도 했지만, 그래도 로마 예술품으로 가득 찬 카르타고의 박물관을 성실하게 돌아보았다. 4월 19일, 그는 팔레르모행 3등석 티켓을 들고 '평범한 배'인 카피텐 페레레호에 몸을 실었다. 그의 동료들은 며칠 더 튀니스에 머물렀지만 클레는 불안과 스트레스를 느꼈다. 그가 일기에 쓴 것처럼 '큰 사냥'은 '끝났고', 이제 그는 '매듭을 풀어야' 했다.

4월 25일 뮌헨으로 돌아온 클레는 증기선을 타고 나폴리로, 이어서 기차를 타고 로마에서 베른으로 이동한 후 튀니지에서 스케치한 작품들의 후반 작업에 집중했다. 5월 15일, 클레는 한스 골츠의 '뉴 아트' 갤러리에서 열린 첫 번째 개인전에서 튀니지를 주제로 한 수채화 두 점을 선보일 준비를 마쳤다. 그리고 2주 후, 튀니지에서 그린 수채화 8점이 '뮌헨 분리파'의 첫 번째 전시회에 출품될 예정이었다.

클레는 1923년까지 튀니지 여행에 대한 그림을 그렸으며, 그 영향은 평생 지속되었다. 마케에게도 이 여행은 결코 가벼운 것이 아니었다. 하지만 독일 보병대에 소집되어 복무 6일 만에 철십자 훈장을 받은 마케는 안타깝게도 1914년 9월 26일 프랑스 페르테스 레 울루스 인근 전투에서 전사했다.

▶ 튀니스

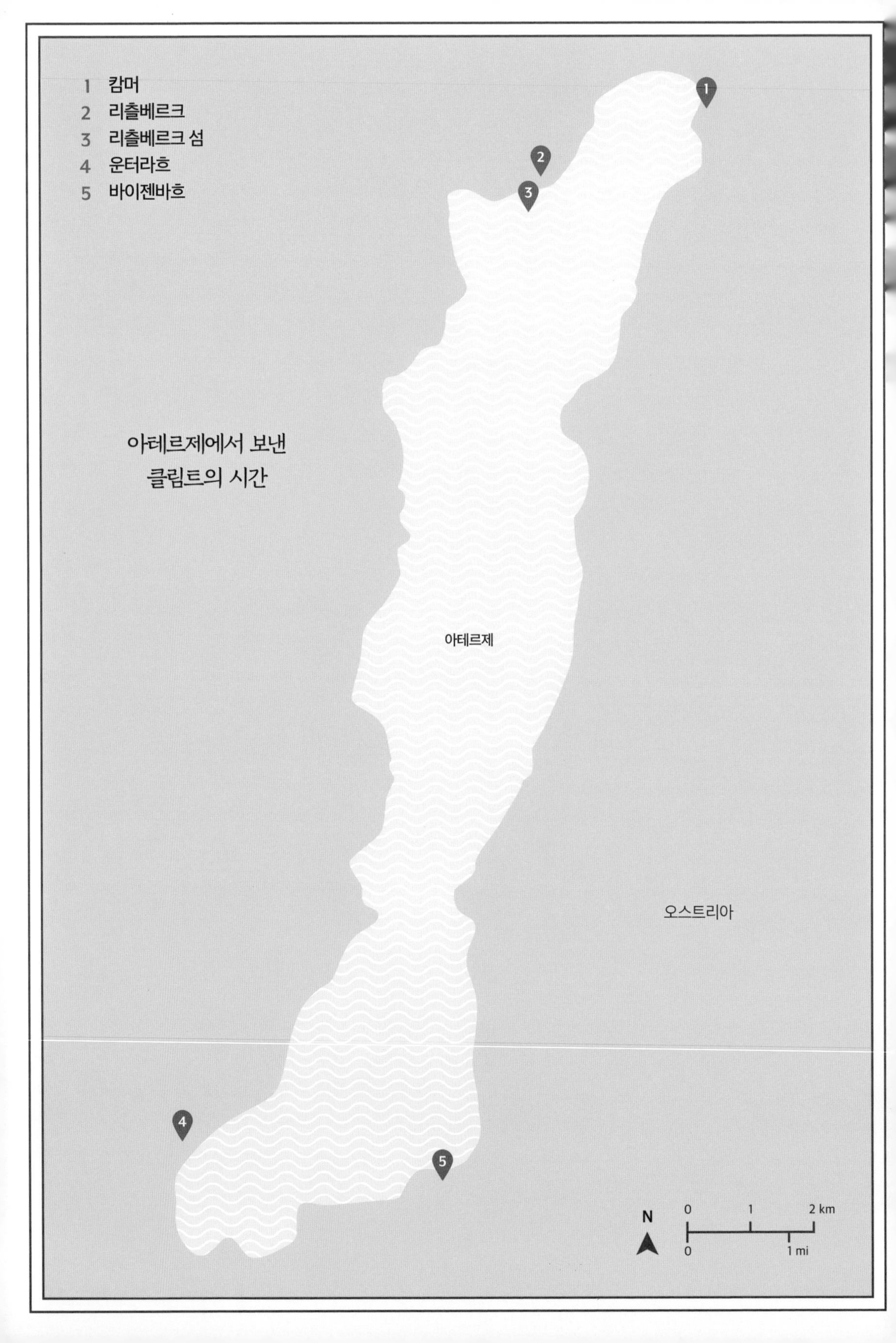

1 캄머
2 리츨베르크
3 리츨베르크 섬
4 운터라흐
5 바이젠바흐
아테르제에서 보낸
클림트의 시간
아테르제
오스트리아
N
0
1
2 km
0
1 mi

구스타프 클림트, 아테르제의 풍경에 눈을 뜨다

Gustav Klimt, 1862~1918

비엔나 출신의 화가 구스타프 클림트는 여행을 좋아하지 않았다. 오스트리아를 벗어나 게르만 세계 밖으로 나가는 것을 별로 좋아하지 않았던 그는 주로 베를린과 뮌헨에만 머물렀다. 서른다섯 살이 되던 해에 처음으로 이탈리아를 여행했지만 1897년 피렌체 여행은 성공적이지 못했고, 6년이 지나서야 다시 이탈리아에 가볼 결심을 했다. 두 번째 이탈리아 여행에서는 라벤나로 가서 베네치아, 파도바, 피렌체를 둘러보며 다소 행복한 시간을 보냈다. 클림트는 1913년에 다시 한번 이탈리아를 방문했는데, 이번에는 가르다 호수의 말세시 네에 머물면서 고국을 배경으로 하지 않은 유일한 풍경화 중 하나인 호수의 풍경을 그렸다.

클림트는 여러 차례에 걸쳐 벨기에를 찾았지만, 이는 그가 요제프 호프만과 함께 아돌프 스토클레를 위해 (오스트리아의 아르누보로 불리는) 비엔나 분리파 스타일로 지은 호화스러운 저택, 팔레 스토클레의 화려한 실내 장식 작업을 감독하기 위해 브뤼셀에 머물러야 했기 때문이었다. 1906년 브뤼셀에서 런던으로 향했던 유일한 이유는 얼스 코트에서 열린 오스트리아 왕실 전시회를 보기 위해서였다. 그는 런던의 공기가 건강에 좋지 않다고 판단했지만, 그로부터 3년 후 도착과 동시에 혐오감을 느낀 파리에 비해서는 런던이 더 나았다고 평가했다. 프랑스의 수도에서 가족에게 보낸 엽서를 통해 클림트는 '끔찍한 그림들이 많이도 그려지고 있다'고 투덜댔다.

클림트는 집에서 가장 만족감을 느끼는 타입이었다. 그가 여행하고 싶어 했던 유일한 장소는 산과 호수로 이루어진 오스트리아 북부의 잘츠캄머구트 지역으로, 1860~1870년대 철도가 개통된 이후 빈 상류층과 부르주아들에게 인기 있는 여름 휴양지(독일어로 소머프리쉬)로 자리 잡았던 곳이다. 독일의 바덴바덴이나 영국의 바스와 마찬가지로 미네랄 성분이 함유된 이 지역의 물은 약효가 있는 것으로 여겨져, 19세기 초부터 이곳을 자주 찾기 시작한 오스트리아-헝가리 귀족들을 위해 다양한 건강 스파가 개발되었다. 1914년 7월 오스트리아-헝가리 황제 프란츠 요제프 1세는 잘츠캄머구트 중심에 있는 목가적인 호숫가 휴양지, 바트 이슐에 있는 황실 여름 궁전에서 세르비아에게 최후통첩을 하고, 이후 제1차 세계 대전의 시작을 알리는 선전포고를 하게 된다.

1916년 사망하기 전까지 황제는 바트 이슐에서 60여 번의 여름을 보냈는데, 그의 어머니 소피 대공비가 1830년대 바트 이슐의 물을 불임 치료제 삼아 마신 후 자신을 낳았다는 믿음 때문에 이곳에 대한 프란츠 황제의 애착은 무척 강했을 것이다. 황제는 바트 이슐의 황실 별장에 있는 거의 모든 관저에 설치한 기압계로 매일 날씨를 추적했는데, 클림트는 그다지 규칙적이지 않은 습관을 가졌지만 황제와 마찬가지로 잘츠카머구트

▲ 오스트리아, 아테르제

의 날씨를 예측할 수 없다는 점에 주목했다. 공교롭게도 황제의 생애 마지막 해에 클림트 또한 이 지역을 마지막으로 방문했다.

조각가 헬렌 노스티츠는 클림트에 대하여 인상적인 평가를 한 적이 있다. 건장한 농부처럼 보이지만 사실은 '황홀한 꿈 속에서 길을 잃은 값비싼 난초 같은 여성'을 묘사하는 능력을 지닌 예술가라는 것이다. 실제로 클림트의 초상화와 우화적 그림의 주제는 대부분 여성이었으며, 이 그림들 덕분에 그는 세기말 비엔나에서 가장 유명하고 논란이 많은 예술가 중 한 명이 되었다. 그의 노골적인 성적 취향과 일부 여성 누드화에서 보인 대담함은 외설적인 것으로 간주되기도 했다. 하지만 풍경화에 있어서 클림트는 후발 주자였다. 그의 풍경화 작업은 1897년경 시작되었고, 잘츠캄머구트에서 첫 장기 휴가를 보낸 후에야 본격적으로 풍경화를 그리기 시작했다. 그때부터 그는 휴식을 취하는 귀중한 몇 주 간의 여름휴가 때면 평소의 그림 스타일에서 벗어나 풍경화에 전념했다.

이러한 연간 행사는 1897년에 클림트가 오스트리아 티롤의 피버브룬에 있는 플뢰게 가족과 함께 여름 휴가를 보내기로 결정하면서 시작되었다. 클림트의 형 에른스트는 헬레네 플뢰게와 결혼한 상태였다. 에른스트가 일찍 세상을 떠난 후 클림트는 헬레네라고도 불리는 조카의 후견인이 되었고, 에른스트의 처제 에밀리는 클림트의 뮤즈이자 소울메이트가 되었다. 두 사람의 관계가 실제로는 이루어지지 않았을 수도 있지만, 둘은 종종 부부로 여겨지곤 했다. 클림트의 가장 유명한 그림인 〈키스〉(또는 〈연인들〉)에서 포옹하고 있는 커플이 클림트와 에밀리라고 믿는 사람들도 있다. 어쨌든 클림트는 모델들과 수많은 불륜 관계를 이어갔고, 여러 명의 사생아를 낳았는데, 그중에는 내연녀 마리아 '미지'

짐머만과의 사이에서 태어나 그와 똑같은 이름이 붙여진 아들도 있다.

1898년 8월, 처음으로 여름의 잘츠캄머구트를 방문한 클림트는 바트 괴이체른 근처 할슈타트 호수의 생 아가타에 숙소를 잡은 플뢰게스 일행과 다시 합류했다. 그곳에서 그는 아가타 비르트(아가타 여관)의 과수원에서 〈비 온 후에〉를 그렸다. 이듬해 플뢰게 가족은 그림 같은 폭포와 통풍 환자들을 전문적으로 치료하는 스파로 유명한 잘츠부르크 남쪽의 잘츠카머구트에 있는 골링 안 데어 잘자흐를 선택했다. 클림트는 이곳에 머물면서 〈연못가의 아침〉, 〈저녁의 과수원〉, 〈마구간의 소〉 등 최소 세 점의 풍경을 더 그렸는데, 클림트는 주변 환경이 자신의 작품활동에 도움이 된다고 생각한 듯하다.

하지만 플뢰게와 클림트가 잘츠카머구트에서 가장 큰 호수인 아테르제를 거의 매해 방문하게 된 것은 1900년부터였다. 그 후 7년간 플뢰게스와 클림트는 여름마다 세왈첸 근처 리츨베르크에 있는 양조장 게스트하우스를 숙소로 사용했다. 1908년에서 1912년 사이에는 캄머 인근 캄머엘에 있는 빌라 올레안더에서, 1914년에서 1916년 사이에는 바이젠바흐의 빌라 브라우너에서 머물렀으며, 클림트는 계곡 입구에 있는 한 산림 관리인의 별장을 골라 이곳에서 그림을 그렸다. 1903년, 여름 동안 비엔나에 머물렀던 미지로부터 아

▼ 오스트리아, 운터라흐

▶ 1912년, 구스타프 클림트와 테레제 플뢰게의 딸 게르트루드, 오스트리아 세발첸 암 아테르제에서

테르제에서 하루 종일 무엇을 하는지 알고 싶다는 편지를 받은 클림트는 거의 한 시간 단위로 자신의 하루에 대해 이야기했다.

> … 대부분 6시 정도, 때로는 조금 더 일찍 … 날씨가 좋으면 근처 숲으로 들어간다오. 저기 (햇빛 아래에서) 너도밤나무 사이에 침엽수 몇 그루와 함께 서 있는 작은 너도밤나무를 칠하지. 8시까지 계속 말이오. 그런 다음 아침 식사를 하고, 바다에서 수영을 한 다음 다시 그림을 좀 그리오. 햇볕이 내리쬐면 호수의 경치를, 날씨가 흐린 날에는 방 창문에서 바라본 풍경을. 때로는 아침나절에 그림을 전혀 그리지 않고 대신 야외에서 일본 판화집을 들여다보곤 하지. 정오가 되면 식사 후 낮잠을 자거나 커피를 마실 때까지 독서를 하고, 앞뒤로 호수에서 수영을 하기도 하는데, 항상 그런 것은 아니지만 자주 수영을 즐긴다오. 커피를 마신 후에는 다시 그림을 그리는데, 폭풍우가 몰아치는 해질녘에 커다란 포플러를 그리지. 가끔 저녁에 그림을 그리는 대신 근처 마을에서 스키틀 게임에 참여하기도 하지만, 해가 지고 저녁을 먹고 나면 일찍 잠자리에 든다오. 다음 날 아침에는 다시 일찍 일어나고. 가끔씩 근육 운동을 위해 배를 타고 나가 노를 젓기도 하지만, 이곳의 날씨는 매우 불규칙하다오. 전혀 덥지 않지만 종종 비로 인해 그림 작업이 중단되곤 하지.

화구를 들고 숲 속을 혼자 돌아다니는 습관 때문에 클림트는 현지인들로부터 발트슈라트(숲의 악마)라는 별명을 얻었다. 젖은 캔버스를 덤불 속에 넣어 하룻밤 동안 말렸다가 다음 날 아침에 꺼내기도 했다. 클림트는 야외에서 풍경화 그리는 것을 좋아했고, 이젤과 캔버스를 들고 호수 위로 노를 저어 나가기도 했다. 에밀리는 때때로 이러한 보트 여행에 동행했다. 클림트는 종종 골판지로 만든 망원경를 사용하여 주변 풍경 속에서 그림의 소재를 찾곤 했다. 야외 피크닉을 위해 노를 저어 갔던 호수의 작은 무인도 중 하나인 리츨베르크 섬에서 관찰한 앞 바다 풍경은 〈아테르제 1〉과 〈아테르제 호수의 섬〉의 모티브가 되었다.

많은 그림이 현장에서 제작됐지만, 일부는 빈의 스튜디오에서 완성되었다. 클림프의 다른 작품들과는 대조적으로, 그의 풍경화에는 사람이 전혀 등장하지 않고 동물도 거의 등장하지 않는다. 클림트는 빌라 올레안데르를 내려다보는 슐로스 캄머 성곽을 포함한 지역의 랜드마크를 여러 번 그렸다. 특히 바이센바흐의 반대편에서 바라본 하얀 교회를 중심으로 한 운터라흐 마을은 주된 그림 주제였다. 고요한 연못, 초원, 과수원, 자작나무, 여름 햇살을 받은 숲 또한 그의 작품에 반복적으로 등장한다. 물과 여성의 상징적 연관성은 클림트의 호수와 아르카디아 풍경(대부분 아테르제와 그 주변 풍경)과 빈에서 제작된 작품 사이의 연결 고리로 여겨진다. 클림트는 생전에 풍경화를 계속 전시했지만 초상화나 금박으로 장식한 작품만큼 비평가들의 관심을 끌지는 못했다. 하지만 그의 작품 중 가장 아름답고 생생한 작품은 대부분 풍경화다. 20년 가까운 세월 동안 호숫가에서 보낸 여름은 클림트 자신에게도 매우 중요했다. 이 시간이 아니었다면 클림트는 더 잘 알려진 작품들을 그리지 못했을지도 모른다.

◀ *아테르제 호수에서의 언터치*, 1915

오스카 코코슈카, 폴페로로 피신하다

Oskar Kokoschka, 1886~1980

콘월 남동부의 폴페로는 수세기에 걸친 격렬한 폭풍으로 인해 형성된 유서 깊은 어항으로, 콘월에서 가장 아름다운 해안 마을 중 한 곳이다. 오래된 어부들의 오두막으로 이루어진 좁은 언덕길, 그림 같은 항구, 극적인 절벽과 바위 해안선이 펼쳐지는 이곳은 1960년대부터 관광 명소로 각광받기 시작했다. 게다가 한때 마을을 지탱하던 정어리 떼가 급격히 감소하면서, 지금은 휴가객들을 위한 여가용 낚시가 폴페로의 주요 산업이 되었다. 그러나 이곳의 가장 오래된 명소 중 하나가 18세기에 번성했던 밀수의 역사를 다룬 박물관이라는 점에서 짐작할 수 있듯, 20세기 후반 대중적인 관광지가 되기 전 폴페로에는 자못 거친 풍경과 강인한 모습의 주민들이 어우러져 있었다. 이 같은 폴페로를 그린 예술가들이 있었으니, 그들이 묘사해 낸 '그물에서 건져 올린 듯한' 짭조름한 해안 마을의 풍습과 바닷가 사람들의 낭만화된 초상은 빅토리아 시대와 그 이후에도 인기 있는 소재가 되었다.

뉴린이나 세인트 아이브스에 비해서는 덜 알려져 있지만, (이 지역의 예술적 유산에 대해 조사한 역사학자 데이비드 토비에 따르면 '콘월의 잊혀진 예술 센터'인) 폴페로는 유럽 표현주의 거장 중 하나가 한때 거주했다고 주장할 수 있는 곳이다. 오스트리아의 예술가이자 시인, 극작가, 정치 활동가인 오스카 코코슈카와 그의 파트너이자 훗날의 아내가 될 올드르지스카 '올다' 팔코브스카는 2차 세계대전 발발 몇 주 전인 1939년 8월, 폴페로에 도착했다.

작곡가 구스타프 말러의 미망인 알마 말러의 연인이었던 코코슈카는 1934년, 나치가 자신의 예술을 타락한 것으로 비난하자 비엔나에서 프라하로 이주하여 이듬해 체코 시민권을 취득했다. 1938년 9월 30일, 아돌프 히틀러는 뮌헨 조약에 서명하여 300만 명의 독일 민족이 살고 있던 체코슬로바키아의 일부인 수데텐란트를 합병할 수 있는 권한을 얻었다. 히틀러가 체코의 나머지 지역을 통째로 점령할 것이 자명해 보였기 때문에, 오스카와 올다는 10월 18일 로테르담을 경유하여 런던으로 날아가 프라하를 탈출했다. 비행기에 오른 코코슈카의 손에는 미완성된 그림 〈쯔라니〉가 들려있었다.

이들은 처음에 벨사이즈 파크의 하숙집인 벨사이즈 애비뉴 11a에 머물렀지만, 런던의 뜻있는 지지자들이 햄스테드의 킹 헨리 로드 45a에 있는 아파트를 구해주었다. 내셔널 갤러리와 테이트 미술관의 관장이었던 케네스 클라크와 존 로텐스타인은 각각 커미션, 전시, 교육 업무를 도와주겠다고 제안하며 코코슈카의 걱정을 덜어줬다. 코코슈카는 햄프스 테드의 다운셔 힐 47번지

MUSEUM

에 있던 예술가 난민 위원회와도 접촉하여 다른 반나치, 난민, 좌파 성향의 정치 단체들과 함께 시위에 참여했다. 런던에 머무는 동안 그는 체코의 수도 프라하에 대한 마지막 인상을 담은 우울한 그림 〈프라하, 노스탤지어〉를 그렸다.

여름이 되었을 무렵, 코코슈카와 올다는 런던의 높은 물가에 지쳐가고 있었다. 열광적인 몇 달을 보낸 후 새로운 변화를 모색하던 그들은 독일 조각가 친구 울리 님프취와 그의 유대인 아내 루스가 최근 정착한 폴페로로 향했다. 1939년 8월 28일, 화가는 테라스에서 아래 마을의 멋진 전망을 감상할 수 있는 클리프 엔드 코티지로 이사했고, 이곳을 '아름답고 건강한 곳… 아늑한 이탈리아 항구보다 훨씬 더 사랑스러운 곳, 훨씬 더 현실적인 곳'이라고 묘사했다.

폴페로에 머무는 9개월 동안 코코슈카는 갈매기가 위협하는 항구의 배들을 그린 불안한 분위기의 풍경화 〈폴페로 I〉과 〈폴페로 II〉, 강력한 정치적 우화인 〈게〉 등 전쟁의 긴장을 담은 작품 세 점을 제작했다. 이 기간 동안 그는 자본주의에 대한 열정적인 비판을 담은 〈사유재산〉, 그리고 수많은 수채화 작품도 남겼다. 1920년대 이후 수채화 작업은 하지 않고 있었지만 유화를 그리기 위해서는 특별한 허가가 필요한 전시 상황이었기에 코코슈카는 편의상 다시 수채화를 받아들였다.

1940년 6월, 독일군이 파리를 점령하자 영국은 보안을 위하여 특히 남부 지역의 외국인 거주자들에 대한 감시 및 활동 제한 등의 조치를 강화했다. 폴페로는

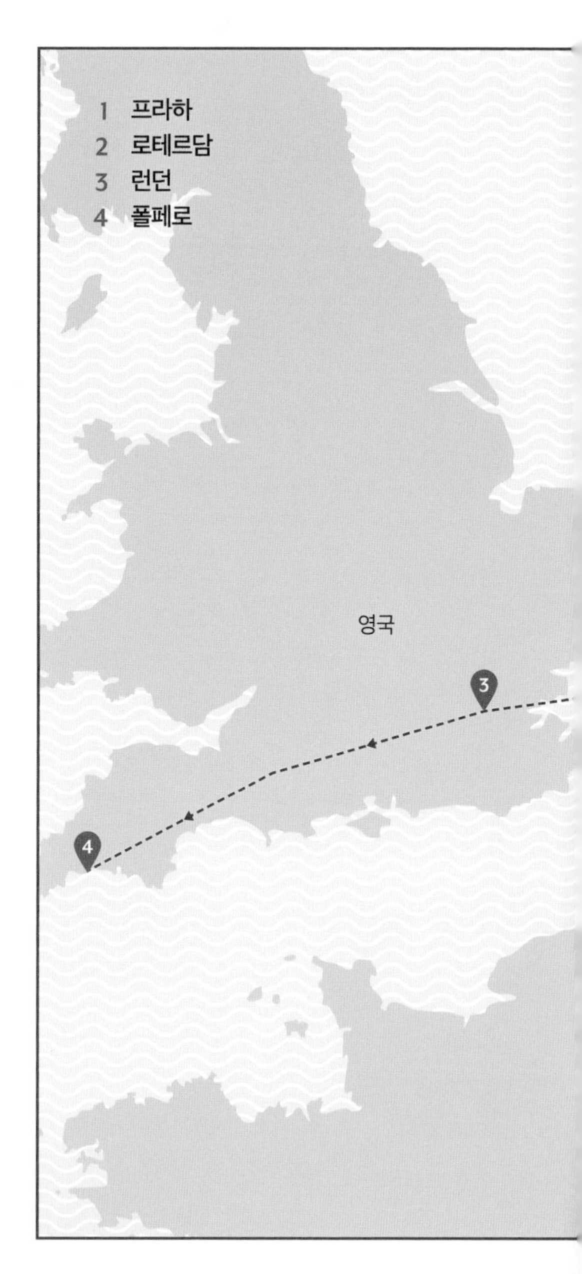

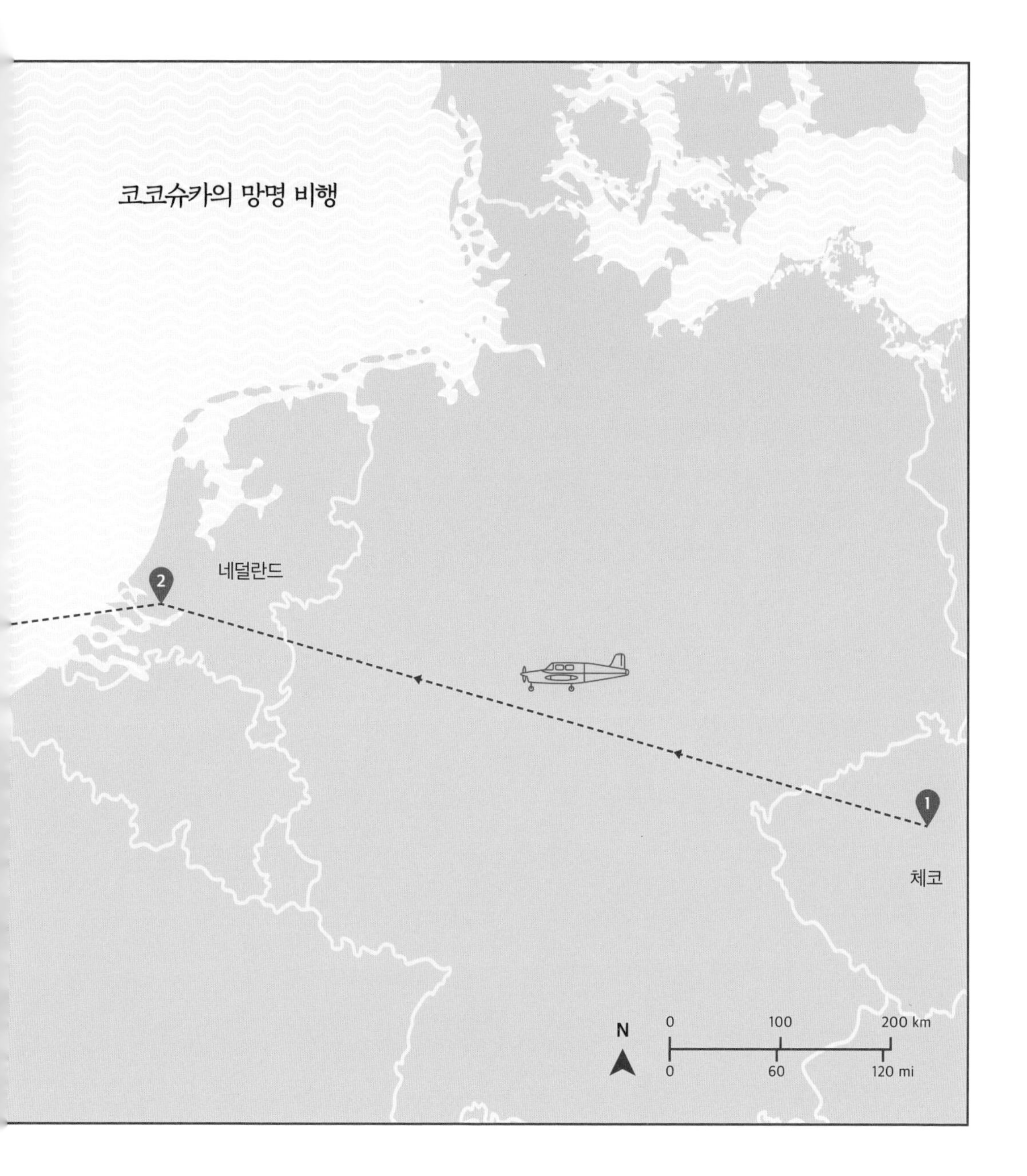

◀ 앞페이지 : 영국, 폴페로

플리머스에 있는 해군 기지에서 서쪽으로 불과 24킬로미터 떨어진 곳이었기 때문에 코코슈카는 런던으로 돌아갈 수밖에 없었다. 그와 올다 모두 마을에서 환영받지 못한다고 느끼기 시작했던 무렵이기도 하다. 이웃들은 전쟁이 진행됨에 따라 점점 더 편집증적인 의심의 시선으로 그들을 바라보았고, 그들이 나치 스파이이며 오스카의 스케치 작업은 해안 방어선을 은밀하게 기록하기 위한 것이라고 믿게 된 것 같았다. 그럼에도 불구하고, 운 좋게도 체코 시민이었던 그들은 '우호적인 외국인'으로 분류되어 수감 생활을 피할 수 있었다. 독일인인 님프취는 운이 좋지 않아 '적대적인 외국인'으로 간주돼 짧은 기간이었지만 수용소로 보내졌다. 1941년 5월 15일, 오스카와 올다는 햄프스테드의 임시 등록 사무소로 사용되던 공습 대피소에서 결혼식을 올렸고, 님프취와 루스가 증인으로 참석했다. 코코슈카는 1947년 영국 시민권을 취득했고, 1950년대에 올가와 함께 스위스로 이주해 1980년 사망할 때까지 그곳에서 거주했다.

◀ *폴페로 I*, 1939~1940

앙리 마티스, 모로코에서 비를 피하다

Henri Matisse, 1869~1954

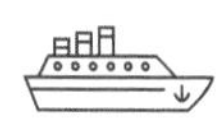

1912년 1월 29일, 앙리 마티스는 미국 소설가 거트루드 스타인에게 '모로코에서 태양을 볼 수 있을까요?'라며 실망에 찬 편지를 썼다. 탕헤르에 도착한 지 불과 일주일 만이었다. 야수파(인상파의 자연주의에 반기를 들고 강렬한 색채와 즉흥적이고 대담한 붓놀림을 추구한 프랑스의 아방가르드 미술 운동)의 선두주자였던 마티스는 아내 아멜리와 함께 마르세유에서 SS 리자니 호를 타고 항해하고 있었다. 60시간에 걸쳐 발레아레스 해안을 따라 내려간 후 지브롤터 해협을 지나 대서양 초입까지 항해하는 동안 좋은 날씨가 이어졌기 때문에 마티스와 아멜리 부부는 안도감에 빠져 있었다. 마티스는 그들이 잘 먹고 잘 잤으며 배는 흔들리거나 기울지 않고 미끄러지듯 나아갔고, 바다는 가끔 거칠기는 했지만 맑고 푸르며, 무해해 보이는 구름만이 맑은 하늘을 채우고 있었다고 기록했다. 하지만 탕헤르에 정박하자마자 폭우를 만났고, 심지어 비는 며칠 동안 멈추지 않았다.

아프리카의 찬란한 햇살이 내리쬐는 야외에서 스케치하고 그림을 그리는 것을 주 목적으로 모로코에 온 예술가에게 이것은 큰 문제였다. 마티스는 사실상 호텔 침실에 갇혀 그림을 그릴 수밖에 없었다. 다행히 마티스 부부가 예약한 호텔은 모로코 최고의 숙소인 호텔 빌라 드 프랑스였고, 스위트룸인 35호실에서는 그랜드 수크, 성 앤드류 성공회 교회, 카스바, 메디나(도시에서 가장 오래된 구역), 탕헤르 만과 해변이 눈앞에 펼쳐지는 탁 트인 전망을 감상할 수 있었다. 이 풍경과 방 안에 놓인 꽃병은 날씨가 거의 나아지지 않은 채 몇 주가 지나가는 동안 유일한 위안이 되었다. 바깥으로 나갈 수 없었던 마티스는 2월 6일, 호텔 화장대 위에 놓인 푸른 붓꽃 꽃다발을 담은 경쾌한 정물화 〈붓꽃이 꽂힌 꽃병〉 작업을 시작했고, 이렇게 모로코에서의 첫 번째 작품이 탄생했다.

2월 12일, 하늘이 밝아지면서 마티스는 '비교적 아름답고 기분 좋은 첫날'이라고 기록할 수 있었다. 하지만 2월 28일에도 그는 여전히 변덕스러운 날씨와 구름과 안개로 인해 외출에 어려움을 겪었고, 그림 한 점을 완성하는 데 많은 시간이 소요된다고 불만을 토로했다. 하지만 비가 내리면서 탕헤르는 마티스의 눈에 노르망디와 비슷한 푸르른 풍경이 되었다. 그의 눈에 비친 탕헤르의 빛은 '(프랑스 남동부의) 코트다쥐르와는 전혀 다른 부드러운 빛'이었다. 이러한 두 가지 특징은 마티스가 1912-1913년 두 차례 모로코에 머무는 동안 느낀 반응과 그 이후의 작품들에 큰 영향을 주었다. 미술사학자 피에르 슈나이더는 이 두 번의 여행에 관하여 '프랑스에서의 5개월 휴식으로 인해 잠시 중단된 사실상 한

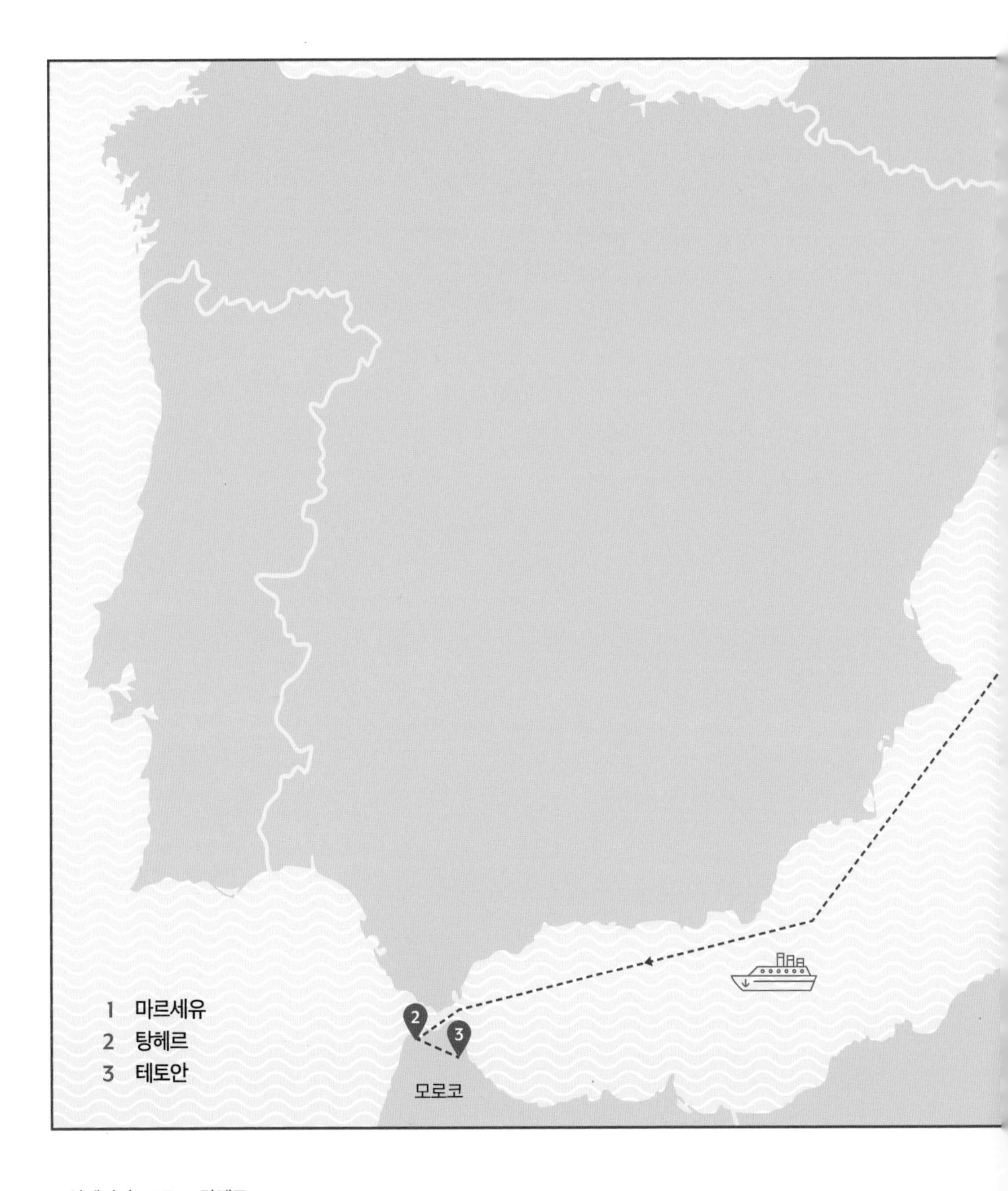

◀ 앞페이지 : 모로코, 탕헤르

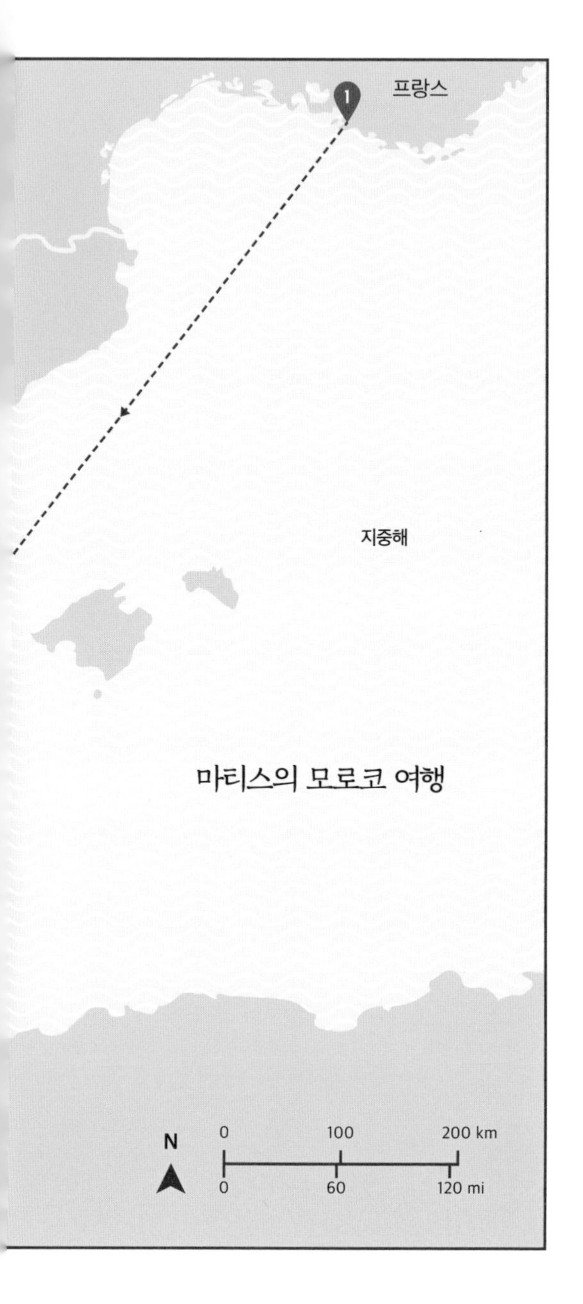

번의 여행'이었다고 말한 바 있다. 마티스가 두 번째로 방문했을 때 탕헤르는 비가 쏟아지기는커녕 가뭄으로 파종기에 재앙이 닥칠 위기였음에도 불구하고, 모로코에 대한 마티스의 첫인상은 계속 그림에 녹아들었다. 당시 그는 약간은 죄책감을 느끼면서도 작품 제작에 이상적인 날씨였기 때문에 '마음속으로는 기뻤다'라고 고백한 바 있다.

마티스는 자신을 정적인 여행자라고 묘사하며, '그림 같은 풍경에 너무 적대적이어서 여행에서 많은 것을 얻지 못했다'고 주장하기도 했다. 그러나 이러한 자기비판에도 불구하고 사실 그는 여러 곳을 여행했으며, 모로코를 방문하기 일 년 전에도 스페인 마드리드, 코르도바, 세비야, 러시아 상트페테르부르크와 모스크바를 누빈 바 있다. 그는 스페인에서 무어 미술, 건축 및 장식을, 러시아에서 비잔틴 제국과 동방 정교회의 전방위적인 영향력을 접했다. 모로코 여행 역시 마티스의 첫 아프리카 방문이 아니었다. 1906년에 마티스는 1830년부터 프랑스 식민지였던 알제리를 방문하며 아프리카 대륙에 처음 발을 디뎠다. 1912년 3월 페즈 조약이 체결되면서 프랑스 보호령으로 전환된 모로코는 갈리아 제국의 식민주의 체스 게임에 추가되었다. 페즈는 프랑스 지배에 반대하는 중심지가 되었으며, 마티스는 폭력적인 사태에 대한 소문 때문에 1913년 4월에 계획했던 모로코 제2의 도시로의 여행을 포기한 것으로 보인다. 그는 가을에 다시 모로코로 돌아왔을 때도 이 도시를 피한 것으로 알려져 있다.

마티스에게 모로코행을 처음 제안한 사람은 마티스의 친구였던 화가 알베르 마르케였을 가능성이 높다. 마르케는 1911년 8월과 9월에 탕헤르에서 두 달 동안 유익한 시간을 보냈고, 마티스의 관심을 불러일으킨 카스바의 풍경을 그린 작품을 가지고 프랑스로 돌아갔다. 토착 이슬람 예술, 특히 장식용 도자기와 타일, 양탄자, 카펫의 패턴에 진정으로 관심을 기울였던 야수파 화가들은 19세기 서양화가들의 오리엔탈리즘적 이국주의에 혐오감을 느꼈다. 마르케 또한 의식적으로 그런 것에 굴복하지 않겠다고 결심했으나 현지 식물, 주민들의 전통 복장의 화려함, 푸른 타일과 미나렛 돔이 있는 건물의 색상과 특징들에는 큰 열정을 가지고 반응했다.

탕헤르에 처음 머물던 시기, 비가 그친 후 마티스는 우연히도 같은 시기에 탕헤르를 방문한 학창 시절 친구인 캐나다 예술가 제임스 모리스를 만나 그와 함께 좁은 거리, 수크, 모스크 등을 둘러보았다. 1912년 3월 말, 화가는 리프 산맥 북부로 1박 2일 여행을 떠났고, 아멜리는 고향으로 돌아갔다. 마티스는 4월 14일까지 이곳에 머물며 등나무가 아름답다고 생각했던 빌라 브롱크스의 정원에서 시간을 보냈다.

파리 근교 이시 레 물리노의 집에서 다시 재회한 부부는 지중해 연안에서 여름을 보내기로 했다. 하지만 마티스의 마음속에는 모로코가 계속 남아 있었고, 1912년 10월 8일 마르세유에서 또 다른 패킷선인 SS 오피르호를 타고 탕헤르로 돌아왔다. 처음에는 잠깐의 여행이라고 생각해서 혼자 떠났지만 모로코에서 한 달을 보낸 후에는 마음을 바꿔 체류 기간을 연장하기로 결정하고 아멜리를 불렀다. 친구인 화가 샤를 카뮈 역시 초대해 함께 모로코를 여행하며 함께 그림을 그리기로 했다. 두 사람은 1912년 11월 24일에 탕헤르에 도착했고 마티스는 이듬해 봄까지 이곳을 떠나지 않았다. 이번에도 호텔 빌라 드 프랑스에 머물게 된 마티스는 매일 작업에 몰두했고, 아침에는 승마나 독서를, 저녁에는 바다에서 해수욕을 즐겼다.

두 번째이자 마지막 여행이었던 모로코 여행이 끝날 때까지 마티스는 약 23점의 그림을 그렸고, 모로코에 대한 인상으로 18개가 넘는 스케치북을 가득 채웠다. 한 폭의 그림에 담기에는 탕헤르의 풍경과 동식물이 너무나 다채롭다는 듯이, 화가는 삼부작 형식을 택했다. 탕헤르의 지형도를 그린 〈탕헤르의 창〉, 〈테라스의 조라〉, 〈카스바의 입구〉가 가장 잘 알려져 있으며, 보통 모로코 삼부작이라고도 불린다. 그러나 〈아미도〉, 〈서있는 조라와 파티마〉, 〈혼혈 여인〉 같은 초상화와, 〈아칸서스〉, 〈대수리(모로코 정원)〉, 〈야자수〉 같은 풍경화도 훌륭한 결실이다.

모로코는 마티스의 창의적 사고에 새로운 장을 열어 주었다. 훗날 마티스는 이 여행을 통해 자연과 더욱 가까워졌다고 회고했으며, 모로코에서의 시간이 그림에 대한 접근 방식을 전환하는 데 도움이 되었다고 인정했다. 이후 마티스는 다시 모로코로 돌아가지는 않았지만 그곳의 빛과 풍경, 신록에서 배운 것을 결코 잊지 않았다.

▶ *카스바의 입구*, 1912

클로드 모네, 런던에서 깊은 인상을 받다

Claude Monet, 1840~1926

모네의 작품과 그의 친구 카미유 피사로의 작품을 열렬히 지지했던 미술상 폴 뒤랑 뤼엘은 1870년 런던에서 클로드 모네를 처음 만났다. 그는 실제로 만난 모네에 관하여 "내가 예상했던 것보다 훨씬 더 오래 그림을 그릴 것 같은 강인하고 튼튼한 체격을 가진 사람이었다." 라고 회고했다. 1870년 7월 프랑코-프로이센 전쟁이 발발하면서 풍경화가 샤를 프랑수아 도비니를 비롯한 많은 프랑스 예술가들이 영국의 수도로 망명을 택했다. 모네와 피사로, 뤼엘도 마찬가지였다.

전쟁이 선포되었을 때 모네는 노르망디의 해변 휴양지 트루빌에서 아내 카미유, 두 살배기 아들 장과 함께 신혼여행을 즐기고 있었기 때문에 당장 프랑스를 탈출할 계획을 세우지 않았던 것 같다. 르 아브르에 머물던 그는 9월 초 배를 타기 위한 경쟁이 치열해지는 것을 목격했지만, 9월 말이나 10월 초, 어쩌면 11월이 되어서야 런던으로의 탈출을 결심했던 것으로 보인다. 많은 연구에 따르면, 화가는 군에 징집되는 것을 피하고 싶어 했다. 미술사학자 존 하우스가 지적했듯이, 미혼 남성만 입대해야 했기 때문에 모네는 프랑스의 '국민개병' 징병 정책에서 면제될 수 있었을 것이다. 하지만 1870년 9월 19일 프로이센 군대가 파리에 도착한 상황에서 프랑스를 떠나야 할 이유는 충분했다. 파리 포위 공격 소식은 모네의 동료였던 피사로가 그해 10월 프랑스를 떠나 런던 남부 교외 어퍼 노우드로 망명을 떠나는 데 박차를 가하는 계기가 되었다.

런던에서의 모네의 첫 주소지는 웨스트엔드에 위치한 아룬델 스트리트 11번지(현재 샤프테스버리 애비뉴의 코벤트리 스트리트)였다. 이후 모네 가족은 켄싱턴 하이 스트리트 183번지에 있는 바스 플레이스 1번지 테오볼드 부인의 집으로 이사하게 되었다. 모네가 살던 건물은 오래전에 철거되어 지금은 남아있지 않다.

런던의 강변과 부두, 다리에 매료된 모네는 런던에 머무는 동안 템즈 강변을 돌아다니며 야외에서 그림을 그렸고, 〈런던 연못의 보트〉, 〈런던의 연못〉, 〈웨스트민스터 아래의 템즈강〉 등 세 점의 작품을 완성했다. 그중 〈웨스트민스터 아래의 템즈강〉 는 안개에 가려진 웨스트민스터 다리와 국회의사당의 풍경을 표현한 작품으로, 모네는 1870년 7월에 완공된 조셉 바잘게트의 강변 도로와 최신 산책로였던 빅토리아 제방에서 이 그림을 그렸다. 주제와 스타일 면에서 이 작품은 그가 1900년 다시 런던으로 돌아와 1901~1904년 사이에 제작한 수많은 런던 풍경 작품들의 선구자라 할 수 있다. 30년 사이 모네는 당대 최고의 인기를 누리는 예술가 중 한 명이 되었고, 허름한 숙소 대신 스트랜드의 사보이 호텔 최고급 객실에 머물 수 있게 되었다. 하지만 런던의 안개는 여전히 모네를 매료시켰다.

1870년 당시 영국 방문에 대한 물음에 모네는 비참한 시기였다고 회상했지만, 사실 모네와 피사로에게는

훗날의 성공을 위한 씨앗을 뿌린 시간이기도 했다. 두 사람은 거의 매일 런던의 유명 박물관과 갤러리를 방문하여 J.M.W. 터너와 존 콘스터블의 수채화와 회화, 토마스 게인즈버러와 조슈아 레이놀즈의 풍경화와 초상화를 연구하고 스케치하며 지식의 폭을 넓혀 나갔다. 또한 동료 프랑스 망명자들과도 몇 차례 중요한 만남을 가졌는데, 그중 두 사람은 훗날 이들의 커리어에서 중요한 역할을 하게 된다. 예를 들어, 어느 날 템즈 강을 따라 내려가던 모네는 우연히 도비니와 마주쳤다. 도비니는 자신의 보트를 타고 센 강과 우아즈 강을 그리며 명성을 얻은 프랑스의 풍경화가로, 모네와 같은 목적으로 제방에 왔던 것이다. 이젤과 페인트를 가지고 온 두 화가는 그렇게 우연히 만났다.

모네와 스무 살 이상 나이 차이가 나는 도비니는 이미 미술계의 유명인사로, 이전에 런던을 두 차례 방문하여 제임스 애보트 맥닐 휘슬러와 프레더릭 레이턴 같은 화가들과 친분을 쌓은 적이 있었다. 레이턴은 1870년 12월 도비니가 '프로이센의 침략으로 폐허가 된 프랑스의 고통받는 농민'을 위해 폴 몰에서 개최한 전시회에 참여한 영국 예술가들 중 한 명이다. 모네 역시 도비니의 초청을 받아 프랑스에서 가져온 작품 〈트루빌의 방파제, 썰물〉을 선보였다. 도비니는 그레이트 윈드밀 스트리트 16번지(현재 리릭 극장 건물의 일부)에 있는 호텔 드 레투알에서 지낸 후 레스터 광장 근처의 리슬 스트리트로 이사를 했다. 프랑스인 커뮤니티는 코벤트 가든에서 옥스퍼드 스트리트에 이르는 소호 안팎에 밀집해 있었다. 이 지역의 카페와 레스토랑은 고국에서 추방된 화가들이 함께 모여 뉴스와 정보를 교환하는 데 특히 도움이 되었다. 1871년 학살을 피해 망명한 베르토가 그릭 스트리트에 설립한 카페 메종 베르토는 예술가들의 아지트 중 하나였다. 또 다른 장소로는 5년 전

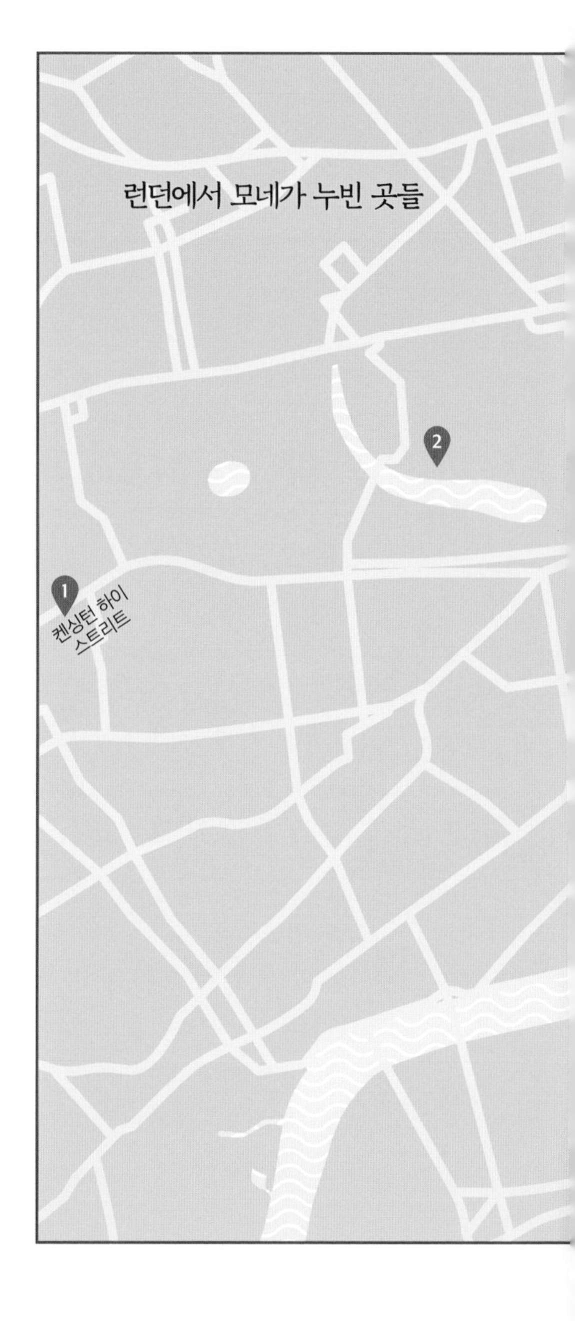

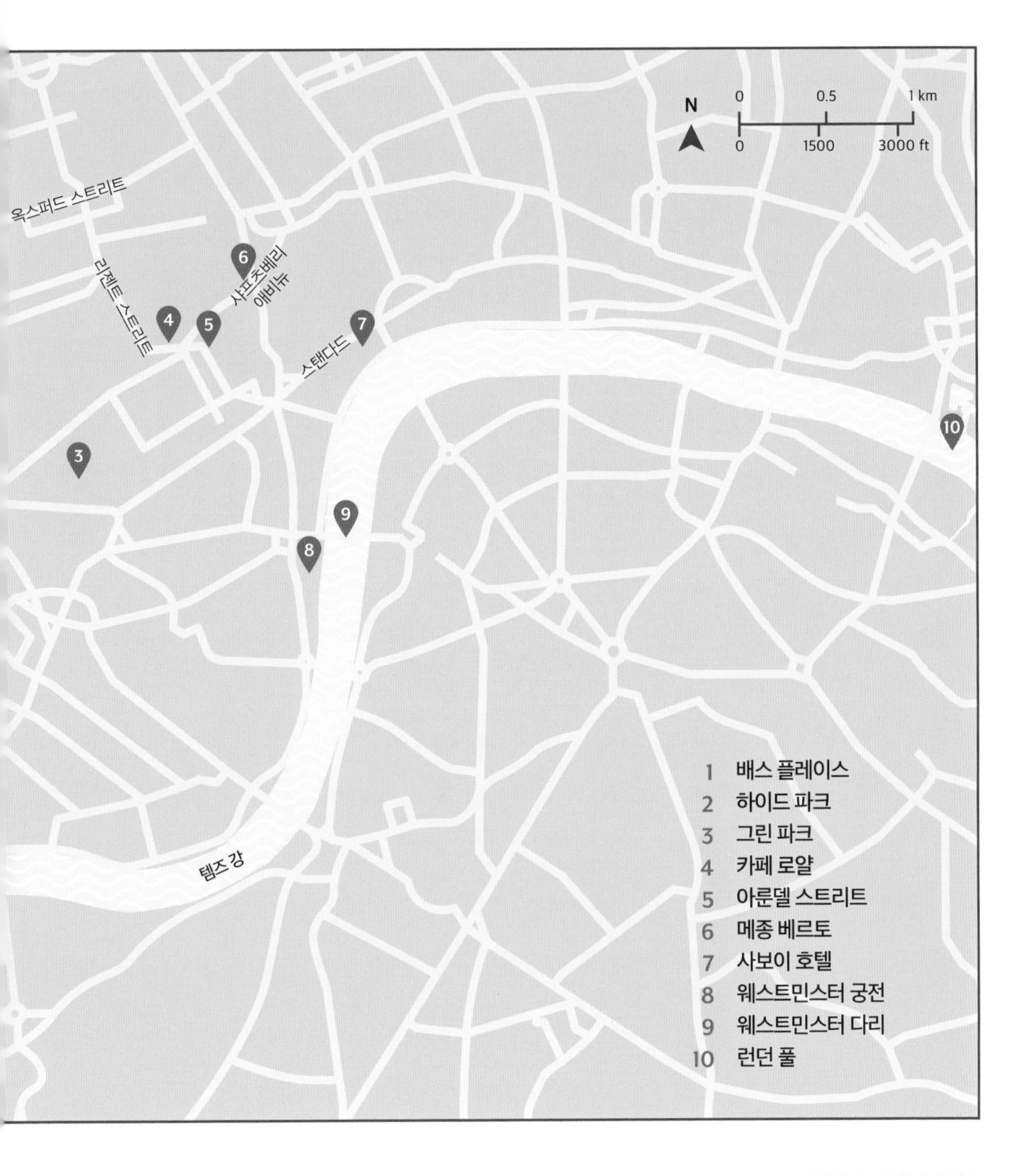

◀ 앞페이지 : 런던 시내 위로 솟아올라 있는 세인트 폴 대성당의 돔

프랑스 와인 상인이 설립한 리젠트 스트리트 아래쪽의 카페 로얄이 있었다.

모네는 카페 로열에서 도비니와 또 한 번 운명적인 만남을 가졌다. 모네는 30년이 지나 이렇게 회상했다. "여러 명의 프랑스인이 카페 로얄에 모였는데, 돈을 벌 방법이라고는 모르는 이들이었다. 어느 날 도비니가 내게 무엇을 하냐고 물었다. 나는 그에게 공원의 풍경을 몇 장 그리고 있다고 답했다. 그러자 도비니는 '정말 멋지군… 딜러를 소개해 주겠소.'라고 말했다." 모네가 도비니에게 보여준 그림은 〈런던 하이드 파크〉와 〈런던 그린 파크〉로, 안개가 자욱하게 깔린 런던의 공원을 매혹적으로 표현한 작품이었다. 그리고 도비니가 모네에게 소개해 준 딜러는 (모네의 전기 작가 피에르 아수라인의 표현처럼) '모네의 생을 통틀어 가장 중요한 수입원이

▲ *런던 그린 파크,*
1870-1871

된' 폴 뒤랑 루엘이었다.

뒤랑 루엘은 1870년 9월 파리에 있는 갤러리에서 떼어낸 35개의 그림 상자를 들고 아내와 다섯 자녀와 함께 영국에 왔다. 전시회를 열 목적으로 런던에 온 그는 도착하자마자 헤이마켓에 있는 토마스 맥린의 갤러리에서 첫 전시회를 열었다. 얼마 지나지 않아 뒤랑 루엘은 뉴 본드 스트리트 168번지에 있는 독일 갤러리라는

▲ 런던, 웨스트민스터

부적절한 이름의 건물을 임대하여 자신의 갤러리를 열었다. 그리고 '프랑스 예술가 협회'라는 애국적인 기치 아래 일련의 전시회를 개최하기 시작했다. 당시에는 이러한 단체가 존재하지 않았지만 도비니의 소개로 모네와 피사로의 그림 역시 전시회에 소개될 수 있었다. 뒤랑 루엘은 두 예술가가 런던에서 불이익을 당하지 않도록 도와줬을 뿐만 아니라 1871년 5월 사우스 켄싱턴에서 열린 국제 전시회의 조직 위원으로서 그들의 작품이 프랑스 섹션에 포함될 수 있도록 힘을 써주었다

하지만 모네와 피사로, 둘 다 영국 미술계의 환심을 사지는 못했다. 그해 봄 왕립 아카데미에 제출한 작품은 모두 거절당했고, 작품에 대한 영국 현지의 반응도 냉담했다. 모네는 1871년 5월 영국을 떠났다. 3년 후 모네는 〈인상, 해돋이〉이라는 제목의 작품을 발표했다. 회색빛 푸른색과 주황색으로 안개에 가려진 르아브르 항구를 흐릿하게 담아낸 작품이었는데, 이 작품에 대한 반응으로 한 프랑스 비평가가 '인상파'라는 용어를 만들어냈다. 런던으로의 유배를 통해 인연을 맺은 이후 외광 회화en plein air(스튜디오가 아닌 실제로 야외에서 직접 풍경을 관찰하며 그리는 기법 —편집자 주)에 대한 유대감과 헌신을 이어온 여러 화가들이 모여 결성했던 예술 운동은 이로써 마침내 주목할 만한 이름을 갖게 되었다.

베르트 모리조, 노르망디에서 청혼을 수락하다

Berthe Morisot, 1841~1895

베르트 모리조는 고국인 프랑스에서 유명세를 떨친 화가이자 남성 동료들과 동등한 수준의 예술가로 인정받았던 화가다. 그러나 인상주의 자체를 남성적인 일탈로 여겼던 당대 비평가들로부터 '가장 중요한 인상주의자'라는 반어적인 조롱을 받았고, 이에 인상주의의 대표 여성 화가는 두 배의 모욕감을 느낄 수밖에 없었다.

모리조는 보통 동료 화가였던 마리 브라크몽, 미국인 메리 카사트와 함께 인상주의의 3대 여성 화가 중 한 명으로 분류된다. 그러나 인상주의 초기부터 이 운동에 참여했던 인물은 모리조이다. 그녀는 익명의 화가, 조각가, 판화가 협회의 데뷔전에 유화 4점(그녀의 작품 중 가장 유명한 그림 중 하나인 〈요람〉을 포함하여), 파스텔화 2점, 수채화 3점을 출품했다. 파리 살롱전(파리 아카데미 데 보자르의 공식 미술 전시회)과는 달리 독립전시 성격으로 개최됐던 이 획기적인 전시회는 1874년 4월 15일 카푸신 35번가에 위치한 사진작가 가스파드 펠릭스 투르나숑(가스파드 나다르라는 예명으로 더 잘 알려진)의 옛 스튜디오에서 열렸다. 첫 번째 인상파 전시회로 여겨지는 이 전시회에서 모리조의 그림은 클로드 모네, 에드가 드가, 피에르 오귀스트 르누아르, 카미유 피사로 등의 작품과 함께 전시되었다. 이후 모리조는 1886년까지 열린 여덟 번의 인상파 전시회 중 한 번을 제외하고 모두 참가했는데, 1878년 전시에 유일하게 불참한 이유는 딸의 출산이었다.

모리조는 유복한 가정에서 태어났다. 그녀의 아버지 에드메 티부르스 모리조는 정부 고위 관료로서 존경받았던 인물로, 1874년 1월 21일 심장병으로 세상을 떠났다. 그의 죽음은 미혼의 딸에게 부모를 돌볼 의무를 덜어주었을 뿐 아니라, 인상파 그룹에 참여함으로써 그녀가 가문의 명예를 실추시킬지 모른다는 우려를 줄여주었다. 아버지가 세상을 떠나기 전 10년 동안 그녀는 살롱전에서 정기적으로 전시를 열었는데, 이 전시는 국가와 학계의 승인을 받은 행사인 만큼 그녀의 아버지로서는 반대할 명분이 없었다. 하지만 한 평론가가 '대여섯 명의 미치광이'의 작품들이 걸렸다고 주장한 전시회와 엮이는 것은 또 다른 문제였다. 이 평론가는 모리조를 두고 정신이상자들의 작품이 쏟아져 나오는 가운데서도 '여성적 우아함'을 유지한 유일한 화가라고 평했는데, 이는 아무리 좋게 해석해도 양날의 검과 같은 칭찬에 불과했다.

당시 모리조 같은 상류층 계급의 여성에게 미술은 충분히 교양 있는 취미로 여겨졌지만 직업적으로 추구할 만한 것은 아니었고, 집 밖이나 공공장소에서는 더욱 있을 수 없는 일이었다.(보호자를 동반하지 않은 여성은 루브르 박물관에서 스케치하는 것이 금지되어 있었다.) 어린 시절, 베르트와 그녀의 자매 이브와 에드마는 모두 그림 수업을 받았다. 미술에 소질이 있었던 베르트와 에드마는 미술 가정교사 조셉 기샤르와 어머니 마리 조제

핀 코넬리의 안내로 루브르 박물관에 가서 그림을 따라 그리기 시작했다. 어머니(18세기 로코코 화가 장 오노레 프라고나르의 손녀라는 설이 있다)는 두 사람의 노력을 믿고 격려해 주었다.

에드마 역시 재능이 뛰어났지만 브리타니 대서양 연안의 로리앙에 주둔하던 해군 장교 아돌프 퐁티용과 결혼하면서 그림 그리는 일을 완전히 포기해야 했다. 다섯 개의 항구로 이루어진 로리앙은 1664년 포르루이에 설립된 프랑스 동인도회사의 거점 도시였으나, 1860년대부터는 바닷바람을 즐기려는 부유한 여행객들로 붐비기 시작했다. 모리조는 1869년 여동생이 결혼한 직후 여름에 그곳을 방문해 〈로리앙의 항구〉를 그렸다. 이 그림에는 세련된 흰색 드레스를 입고 파라솔을 든 채 항구 벽에 앉아 바다 풍경을 즐기고 있는 에드마의 모습이 담겨 있다. '모든 면에서 현대의 삶을 묘사하는 그림을 그려야 한다'고 말했던 시인 샤를 보들레르의 말처럼, 모리조는 관광객이 있는 해안 풍경을 통해 동시대의 삶을 캔버스에 묘사했다.

모리조 가족은 이런 종류의 휴가를 떠날 여유가 있는 계층에 속했다. 에드마가 결혼하기 전부터 모리조 가족은 바다로 여름휴가를 떠났는데, 1850~1860년대에 개통된 철도 덕에 파리의 교외 부촌 중 하나였던 파시의 집에서 노르망디까지 쉽게 떠날 수 있게 되자 주로 노르망디 해안에 생겨난 휴양지를 방문했다. 모리조가 1865년 살롱에 출품한 〈노르망디의 초가집〉은 자작나무 열 그루를 주인공으로 한 작품이다. 1864년 이 지역에 머무는 동안 울가트 근처 어딘가에서 그려진 그림으로, 모리조가 나중에 폐기하지 않은 몇 안 되는 초기작 중 하나이기도 하다. 프랑코프로이센 전쟁과 파리 포위 공격의 여파로 어머니와 함께 생제르맹 앙 레의 교외에 머무르던 모리조는 노르망디 바닷가에서 건강과 무너

◂ 앞페이지 : 프랑스, 페캉

진 정신을 회복하기 위해 노력했다. 1871년 여름, 그녀는 쉘부르에 살던 여동생을 찾아갔다. 소용돌이치는 영국 해협의 파도는 모리조에게 회복의 마법을 선사해 주었고, 화가는 항구에서 하얀 옷을 입은 고독한 여성(아마도 아이를 안고 있는 듯한)이 배회하는 듯한 풍경을 캔버스에 담았다. 휴양을 빙자한 쉘부르 체류 중에 그려진 또 다른 작품 중 하나로는 쉘부르 해안가를 배경으로 그녀의 여동생과 어린 아들을 그린 〈초원에 앉은 여자와 아이〉가 있다. 이 그림은 중산층 여성이 처한 현실에 대한 그녀의 혁명적인 관점을 보여준다.

2년 후, 두 자매는 바닷가 절벽으로 유명한 노르망디의 코트달바트르에 모여 소박한 어촌 마을 레 프티 달에 숙소를 잡았다. 1874년 5월 15일, 첫 인상파 전시회가 막을 내린 지 얼마 지나지 않아 모리소는 모래 해변이 있는 레 프티 달로 향했고, 같은 시기에 마네 가족이 휴가를 보내기 위해 모여 있던 이웃 마을 페캉을 방

문했다.

1868년 베르트와 에드마는 미술 가정교사였던 기샤르를 통해 루브르 박물관에서 에두아르 마네를 소개받았다. 같은 부르주아 출신인 마네와 모리조 가족은 이내 쉽게 어울렸다. 마네와 그의 두 남동생 외젠과 구스타브는 아버지 사망 후 각자 유산을 물려받았는데(마네 가문은 파리 교외 센 강변에 위치한 쥬느빌리에에 상당한 부지를 소유하고 있었는데, 이 지역은 훗날 인상주의 예술 활동의 중심지가 되었다) 세 사람 모두 자유로운 문화생활에 빠져들었지만, 에두아르는 다른 형제들보다 딜레탕트적인 성향이 덜했다. 야망을 가진 동료 예술가로서 에두아르와 모리조는 견고한 협력 관계를 발전시켰다. 모리조는 종종 에두아르의 모델이 되어 주었고, 에두아르는 모리조에게 인상주의와 야외 회화의 방향을 제시하는 등 둘 사이에는 서로 작품에 대한 아이디어가 오갔다.

모리조와 외젠 사이에는 로맨스가 싹트기 시작했고, 페캉에서 휴가를 보내던 날 두 사람은 나란히 해군기지 건설 현장에 그림을 그리러 나갔다가 결혼하기로 합의했다. 모리조의 어머니는 외젠의 실직을 이유로 그들의 결혼을 허락하지 않았다. 1874년 12월 22일 두 사람의 결혼식 이후 작성된 파시의 노트르담 드 그라스 성당 등록부에 따르면, 외젠은 재산은 있지만 직업이 없는 사람으로 기록되어 있다.

이 부부는 카우스 레가타(해상 보트 경기)가 열리는 주간에 영국 와이트 섬의 라이드로 신혼여행을 떠나기로 했다. 모리조는 보트 타기를 꺼려하는 외젠의 모습을 당시로서는 드물게 억제된 남성의 이미지로 그렸다. 약혼 직전 페캉에서 그린 작품에는 독립적인 수입을 지닌 여성에게도 예외 없이 부과되는 가사의 의무가 잘 드러나 있다. 하지만 그녀의 동생과는 다르게, 모리조는 영국 해협의 거친 바닷가에서 자신의 예술적 재능과 용기, 성실함 그리고 우아함을 모두 인정하고 존중해 주며, 무엇보다 그녀의 그림에 끊임없이 지지를 보내준 배우자를 만났다.

◀ *로리앙의 항구*, 1869

1 숲
2 해변
3 뭉크의 집과 스튜디오
4 부두
5 해변
N
0 100 200 m
0 300 600 ft
오스고르스트란드에서
뭉크의 여정
오슬로
피오르드

에드바르드 뭉크, 오스고르스트란드 해변에서 여름을 보내다

Edvard Munch, 1863-1944

오슬로에서 남서쪽으로 약 80킬로미터가량 떨어진 오스고르스트란드는 노르웨이의 고풍스러운 항구로, 하얀 물막이 판자 집이 있던 오래된 어촌 마을에서 해변 휴양지로 변모한 곳이다. 여름에는 좁은 거리에 방문객이 줄을 잇고, 그림 같은 항구에는 유람선과 요트가 가득하며 해변은 해수욕객으로 가득하다. 오슬로 피오르드를 마주 보고 있는 넓은 만에 위치한 이 항구는 햇볕이 잘 드는 계절에는 지중해 기후에 가까운 날씨를 자랑하며, 연중 내내 폭풍우와 최악의 날씨로부터 보호받는다. 해안가까지 뻗어 있는 소나무 숲 향기가 소금기 가득한 바다공기와 어우러져, 누구에게나 때 묻지 않은 스칸디나비아의 서사시를 떠올리게 하는 곳이다.

6월의 화창한 날이 아니라도 불안과 실존적 절망은 오스고르스트란드와는 거리가 멀어 보인다. 그런데 사실 이 마을은 인간의 고뇌를 전형적으로 묘사한 그림으로 유명한 에드바르드 뭉크의 단골 피서지이자 주요 소재이기도 하다. 뭉크의 작품은 대부분 외로움, 고립, 질병, 광기, 죽음과 같은 병적인 주제에 집착하는 것이 특징이다. 그리고 그에게는 이러한 주제에 몰두할 만한 충분한 이유가 있었다.

질병과 죽음은 뭉크의 어린 시절에 지울 수 없는 흔적을 남겼다. 1863년 12월 12일 노르웨이 뢰텐에서 뭉크가 태어난 직후 그의 가족은 오슬로(당시 크리스티아니아)로 이사를 했다. 엄격한 군의관이었던 아버지 크리스티안 때문에 그들 가족과 의료는 떼놓을 수 없는 관계였음에도 불구하고, 뭉크의 성장 과정 내내 가족들은 건강 문제로 고생했다. 어머니 로라 캐서린은 뭉크가 다섯 살 때 폐결핵으로 세상을 떠났고, 9년 뒤 뭉크가 열다섯 살이 되었을 때 여동생 소피도 같은 병으로 세상을 떠났다. 그의 형 안드레아스는 서른 살에 세상을 떠났고, 또 다른 누나 로라는 정신병원에 수용되었다.

결핵이나 광기(또는 둘 다)가 자신을 덮칠 것이라고 확신하며 자란 뭉크는 질병, 광기, 죽음을 자신의 요람을 지키는 '검은 천사'로 묘사한 적이 있으며, 평생 자신과 함께했다고 털어놓았다. 뭉크의 첫 번째 주요 작품 중 하나는 1886년에 그린 〈병든 아이〉로, 가족의 고난과 아버지의 진료실에서 치료를 받던 어린 환자에게서 영감을 받아 그린 것이다. 뭉크는 정신적, 육체적 불안정과 알코올 중독으로 인해 40대에 완전히 쇠약해졌음에도 불구하고 안과 질환으로 인해 그림을 영원히 중단할 수밖에 없게 된 70대까지 그림을 계속 그리다가, 1936년 80세의 나이에 평온하게 죽음을 맞이했다.

숨을 거두기 3년 전, 뭉크는 1888년에 처음 방문했던 휴양지이자 작업 초기에 큰 성장을 경험한 곳이며 수십 년간 창작의 자양분이 되어준 오스고르스트란드에서 마지막 여름을 보냈다.

공학 공부를 포기하고 그림을 그리기 위해 파리에 있는 레옹 보나의 미술학교에 입학한 뭉크는 파리에서 열린 전시를 통해 빈센트 반 고흐, 앙리 드 툴루즈 로트렉, 클로드 모네, 카미유 피사로, 에두아르 마네, 제임스 애보트 맥닐 휘슬러의 작품을 접하게 되었다. 이어서 그는 베를린에서 초기의 옹호자들과 더불어 혹독한 비평가들을 만났다. 고국 노르웨이의 예술계는 뭉크의 재능을 인정하는 데 소극적이었지만, 프랑스와 독일에서 살던 때에도 그는 여름이면 고국으로 돌아와 오스고르스트란드를 찾았다.

1889년 여름은 뭉크의 경력에서 가장 결정적인 시기로 여겨진다. 뭉크는 비어 있던 작은 어부의 오두막집을 빌렸는데, 이후 그곳은 그의 정식 작업실이 되었으며, 1897년에는 아예 이 집을 완전히 매입했다. 뭉크는 오스고르스트란드에서 두 번째 여름을 보내며 〈해변의 잉거〉를 그렸다. 이 작품은 검고 윤기 나는 머리에 창백한 피부를 가진 그의 여동생을 그린 초상화로, 그녀는 풍성한 흰색 드레스를 입고 커다란 밀짚모자를 손에 든 채 이끼가 낀 녹색 화강암 바위 위에 앉아 청적색 안개가 반짝이는 바다를 바라보고 있다. 미술사학자 울리히 비쇼프가 주장했듯이, 이 초기작은 수평과 수직 축에 의존하는 구성과 외로움을 주제로 한 주제적 측면에서 뭉크 예술의 정수를 담은 것이다. 당시 뭉크는 슬슬 19세기 회화의 관습에서 벗어나 사실주의의 제약을 떨쳐내고 있었다. 이 작품은 "본 것을 그리는 것이 아니라, 봤던 것을 그린다"라는 뭉크의 격언을 실현한 첫 작품으로, 지나간 일에 대한 충실한 기록이라기보다는 찰나의 순간을 떠올린 가슴 아픈 재현이라 할 수 있다. 이처럼 뭉크는 오스고르스트란드 해안가에서 종종 즉흥적으로 그림을 그리곤 했다.

그해 말 오슬로에서 전시된 〈해변의 잉거〉는 비평가들의 혹평을 받았다. 뭉크는 '부드러운 무정형 덩어리에서 무심코 던져진 돌'을 그렸다는 이유로 대중을 조롱

▲ 노르웨이,
오스고르스트란드

하는 야생의 화가로 여겨졌다. 그러나 이 그림은 화가에게 길을 제시하고 이어지는 여러 작품의 패턴을 만들었는데, 그중에서도 오스고르스트란드의 풍경을 담은 1893년작 〈여름밤의 꿈〉과 1895년작 〈달빛 속의 집〉은 섬뜩하고 기괴한 느낌을 주는 작품으로, 그가 평단의 인정받는 데 큰 역할을 했다.

이곳에서 그려진 작품들 중에 눈에 띄는 다른 작품으로는 〈여인의 세 단계(스핑크스)〉와 〈생명의 춤〉이 있다. 두 작품 모두 오스고르스트란드의 나무 아래 해안가 공간을 활용하여 춤을 추는 장면을 그렸다. 그러나 뭉크는 이러한 유쾌한 장면에도 우울한 정서를 더했는데, 특히 점점 늙어 무덤을 향해 가는 여성들의 암울한 행렬을 보여주는 작품 〈여인의 세 단계〉의 분위기는 더욱 그렇다.

뭉크는 1936년 작 〈오스고르스트란드에서 목욕하는 장면>과 같이 선명한 색채의 후기 작품에서도 해변의 즐거운 자유를 찬양했다. 뭉크의 친구 크리스티안 기를로프는 "이곳에 서는 아무도 수영복에 신경 쓰지 않는다. 7월의 따스한 바람만이 우리와 태양 사이를 가리는 유일한 천이다."라고 말하며 이 리조트의 자유롭고 편안한 분위기를 기록한 바 있다.

오스고르스트란드는 가족 단위 방문객에게 인기가 많았다. 여름 방문객의 대부분은 아이를 둔 젊은 엄마들이었으며, 주말이면 그들의 남편들이 오슬로에서 정기 증기선을 타고 찾아왔다. 뭉크가 오스고르스트란드에서 그린 많은 그림 속에 여성들이 두드러지게 등장하는 이유이다. 〈절규〉와 마찬가지로 1893년에 그려진 〈폭풍〉은 뭉크의 가장 중요한 그림 중 하나다. 이 작품에는 밀려오는 해안의 소용돌이를 피해 몸을 움츠리고 있는 한 무리의 여성들이 등장하는데, 한 여성은 천둥소리를 듣지 않기 위해 귀를 손으로 막고 있어 뭉크의 가장 유명한 그림 속 인물을 떠올리게 한다. 1901년작 〈다리 위의 소녀들〉(정확한 제목은 〈부두 위의 소녀들〉)은 성인이 되기 직전인 세 명의 사춘기 여성이 육지와 바다의 경계에 놓인 지역 선착장의 방파제 난간에 기댄 채 아래쪽 바다를 바라보며 몽환적인 사색에 잠겨 있는 모습을 보여준다.

◀ *다리 위의 소녀들*, 1901

이사무 노구치, 기념비적인 세계 여행을 시작하다

Isamu Noguchi, 1904~1988

조각가이자 조경가인 이사무 노구치는 거의 쉴 틈 없이 세상을 누볐다. 미국 건축가이자 노구치의 친구였던 리처드 벅민스터 풀러가 진화하는 글로벌 여행자이자, 직관적이고 선구자적인 여행자'라고 표현했던 노구치는, 1904년 로스앤젤레스에서 편집자이자 작가인 아일랜드계 미국인 어머니와 시인인 일본인 아버지 사이에서 태어났다. 두 살 무렵부터 열세 살 때까지는 일본에서 살다가, 미국으로 와 인디애나에서 고등학교를 다녔는데 항상 자신을 '인디애나 촌뜨기 출신'이라고 자랑하듯 소개하곤 했다. 그는 거의 모든 분류와 꼬리표를 거부하며, 한 명의 독립적인 개인이자 예술가로서 살았다.

평생 전 세계를 누비며 여행을 다녔던 노구치는 1949년 그리스와 인도 방문에서 큰 영감을 얻었다. 비평가들의 극찬을 받는 기쁨을 누리는 동시에 젊은 인도 여성 나얀타라 '타라' 판딧과의 파멸적인 사랑을 경험하고, 친한 친구이자 동료 화가인 아르메니아계 미국인 아르실레 고르키의 자살로 절망하는 등 극단적인 상황을 겪은 지 2년여가 지난 시점이었다.

당시 매사추세츠 웰슬리 대학에 재학 중이던 18세의 타라는 1946년 9월 10일 뉴욕현대미술관MoMA에서 열린 '포틴 아메리칸' 전시회 개막식에 노구치와 동행했다. (제목과 달리, 실제 참여 작가는 15명이었다.) 이 전시회는 전쟁 이후 미국 현대 미술의 새로운 경향을 보여주는 최초의 전시였다. 마크 토비, 로버트 마더웰, 아르실레 고르키와 같은 화가들뿐만 아니라 시어도어 로작, 데이비드 헤어 그리고 노구치와 같은 조각가들의 작품들도 포함되어 있었다. 노구치의 대리석 작품 〈코우로스〉는 많은 비평가들로부터 호평을 받았다. 이 작품은 그의 대표작 중 하나로, 1945~1946년 겨울 내내 파리 루브르 박물관의 고대 그리스 신 아폴로 조각상을 그린 엽서를 작업실 벽에 걸어놓고 완성한 것이었다.

비슷한 시기 노구치는 10년 넘게 협업해 온 무용수이자 안무가인 마사 그레이엄으로부터 오이디푸스 렉스의 비극을 바탕으로 한 무용극 '나이트 저니'의 무대 세트를 제작해 달라는 의뢰를 받았다. 1947년 5월에 초연될 이 무용극 작업에 이어서, 이고르 스트라빈스키의 음악과 조지 발란신의 안무로 오르페우스를 각색한 후속 공연의 세트 제작을 요청받으면서 조각가는 고전에 더욱 몰입하게 되었다. 오르페우스 작업을 하던 중, 노구치는 자신이 청혼했던 타라가 인도로 돌아가서 펀자브의 저명한 사업가 가문 남자와 결혼할 거란 사실을 알게 되었다. 큰 충격을 받은 노구치는 타라를 따라 인도로 가야 한다는 강박관념에 사로잡혔다. 그러나 타라는 그와의 로맨스가 다시 불타오르리라 생각하지 않았다. 그녀는 노구치에게 인도 여행을 제안하면서도, 서로 만나서는 안 된다고 말했다. 작품 활동과 심적 안정 측면에서 노구치에게 진정 필요한 것이 무엇인지 그녀는 너

◀ 앞페이지 : 이집트 룩소르 신전

▼ 로마

무나 잘 알고 있었다. 두 사람이 인도에서 단 한 번의 짧은 만남을 가졌다는 풍문도 있었지만, 그녀는 죽을 때까지 그 사실을 부정했다.

노구치는 '여가'를 주제로 한 책을 집필하기 위해 볼링겐 재단에 여행 연구 장학금을 신청했다. 훗날 그가 인정했듯이, '여가'는 그의 관심 분야를 표현하기에 적합한 용어가 아니었고 저서는 결국 완성되지 못했다. 하지만 그 여행은 노구치에게 전 세계의 고대 문화 유적과 조각품을 연구할 수 있는 기회를 제공했다. 참혹했던 제2차 세계대전 직후, 그는 치유와 공동체성 그리고 보편적 소속감을 증진시키는 조각의 공적 역할을 찾기 위하여 과거를 깊이 들여다보려고 했다.

1949년 5월, 노구치는 뉴욕을 떠나 스승 콘스탄틴 브랑쿠시가 있는 파리로 향했다. 브르타뉴로 건너가 고인돌과 선돌을 구경하고 프랑스 남서부에 있는 라스코의 선사시대 동굴을 방문하여 라이카 카메라로 끊임없이 사진을 찍었다. 이탈리아로 가서는 로마의 고대 유적과 현대적인 광장을 부지런히 촬영했다.

다음 목적지는 그리스 올림피아, 에피다우로스, 크레타 섬이었다. 이 여행의 문학적인 가이드는 1941년 출간된 헨리 밀러의 여행기 《마루시의 거상》이었는데, 노구치는 이 책이 그 지역을 이해하는 데 도움이 되리라고 믿었다. 이어서 이집트에 도착했는데, 한낮의 태양조차도 그의 열정을 멈추게 할 수 없었다. 그는 계속해서 룩소르의 고대 유적, 나일 강변, 그리고 카이로의 큰 사원들을 찍었다.

노구치는 9월에 카이로에서 뭄바이(당시 봄베이)로 날아갈 예정이었다. 인도에서 그를 맞아준 호스트는 사라바이 가문으로, 그는 아메다바드에 있는 벽으로 둘러싸인 궁전 같은 건물에 머물렀다. 공작새가 장식용 정

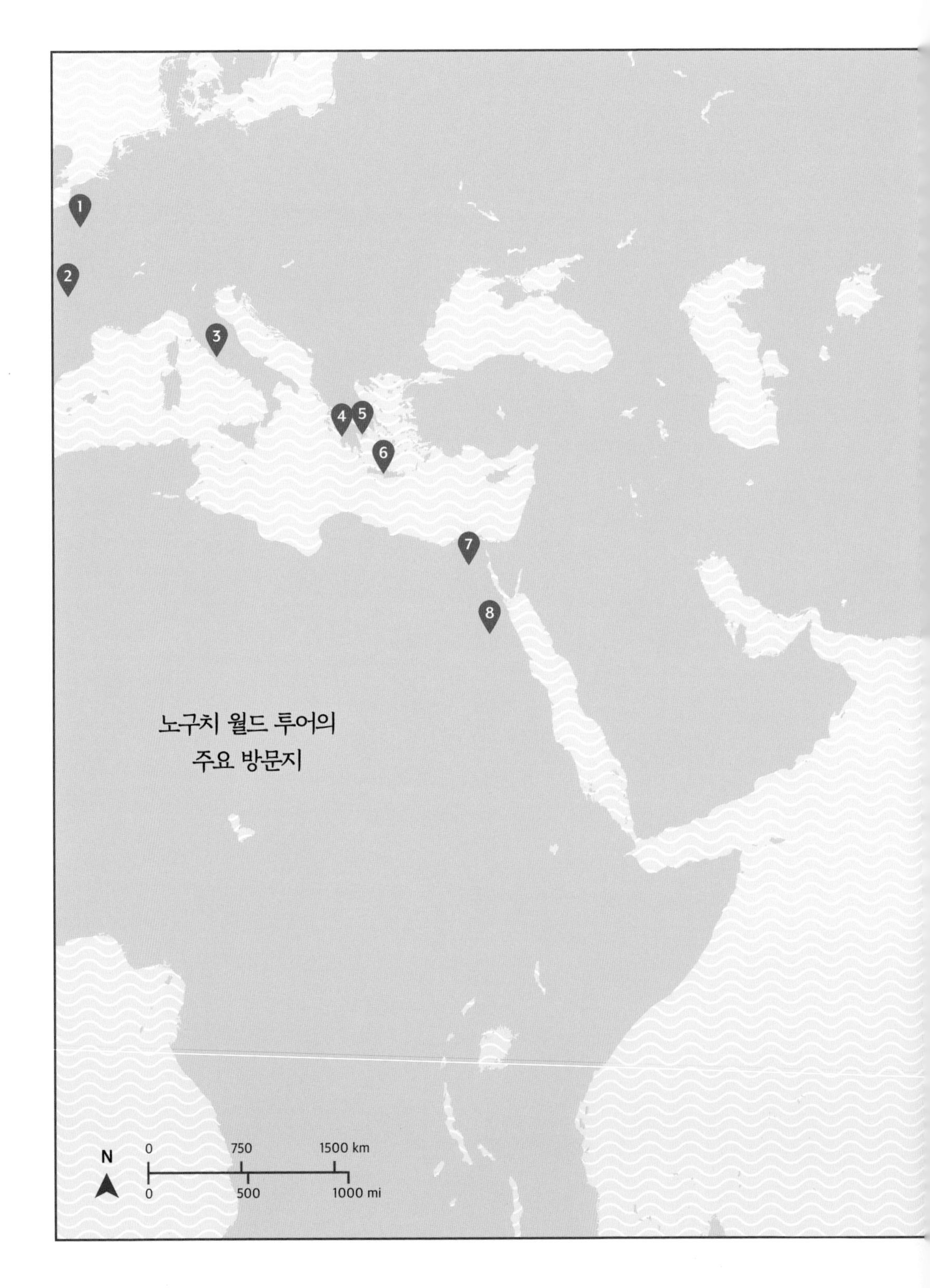
1
2
3
4
5
6
7
8
노구치 월드 투어의
주요 방문지
N
0
750
1500 km
0
500
1000 mi

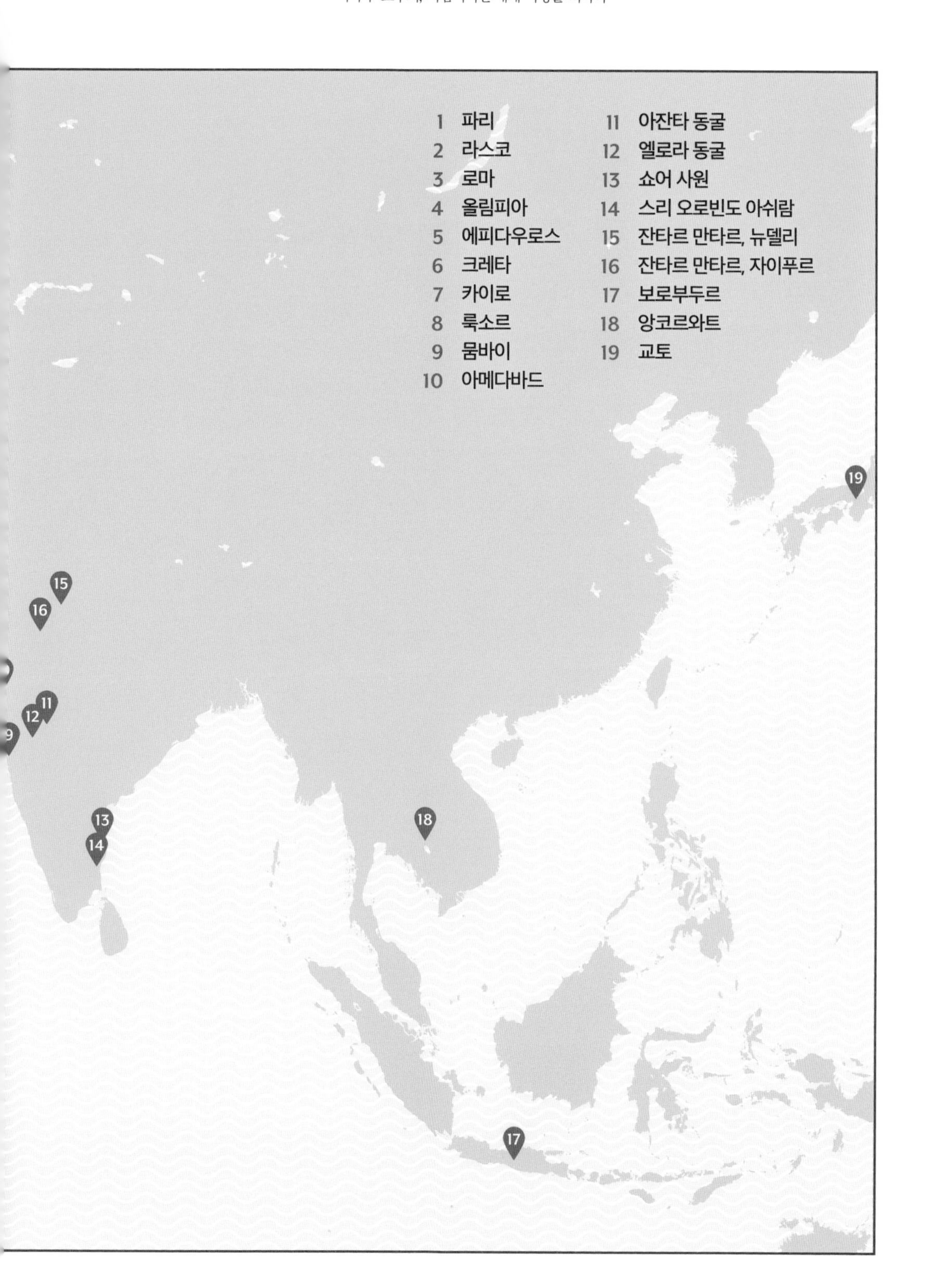
1 파리
2 라스코
3 로마
4 올림피아
5 에피다우로스
6 크레타
7 카이로
8 룩소르
9 뭄바이
10 아메다바드
11 아잔타 동굴
12 엘로라 동굴
13 쇼어 사원
14 스리 오로빈도 아쉬람
15 잔타르 만타르, 뉴델리
16 잔타르 만타르, 자이푸르
17 보로부두르
18 앙코르와트
19 교토

원을 돌아다니고 무장한 경비원이 거지나 기타 불온한 사람들의 접근을 차단해 주는 곳이었다. 사라바이 가문은 부유한 면화 상인이었는데, 노구치는 가문의 장남이자 후계자인 가우탐이 뉴욕으로 파견되어 미국 내 가업 운영을 감독할 때 그를 알게 되었다. 가우타움의 여동생 기라와 지타가 뉴욕을 방문했을 때 노구치는 뉴욕을 안내해 준 적이 있다. 타악기를 연주하는 지타를 위해 그는 작곡가 친구 존 케이지를 소개해 주었다. 이번에는 지타가 노구치에게 보답할 차례였다. 훗날 지타는 이렇게 회상했다. "그는 인도의 더러움과 가난에 혐오감을 느꼈지만, 고대 사원이나 종교 신전을 볼 때마다 마치 홀린 사람처럼 카메라를 손에서 놓지 않았다." 노구치는 특히 시바 신 숭배와 관련된 남근상인 링암에 매료되었다.

1949년 9월부터 1950년 1월까지 7개월 동안 그는 침대보, 수첩, 카메라 등만 챙긴 채 기차로 인도의 길고 넓은 땅을 여행했다. 그는 "인도에서 밤기차를 타는 것, 멋진 밤공기가 불어오는 가운데 3등석의 딱딱한 좌석에 앉아 바퀴가 덜컹거리는 소리를 듣는 것"이 가장 큰 즐거움이었다고 말한 바 있다.

노구치는 인도 서부의 마하라슈트라에 있는 아잔타와 엘로라의 동굴을 탐험하고, 인도 남부의 타밀 나두에 있는 마하발리푸람 사원(해안 사원이라고도 한다)과 스리 오로빈도 아쉬람을 방문했으며, 인도양의 스리랑카(당시 실론)로 열흘간 여행을 떠났다. 그러나 노구치에게 가장 큰 영향을 준 곳은 뉴델리와 자이푸르의 잔타르 만타르, 즉 전망대였다. 이 거대한 석조 구조물은 18세기 자이푸르의 마하라자 사와이 자이 싱 2세에 의해 지어졌다. 천문학과 수학에 관심이 많았던 마하라자는 유클리드의 기하학을 산스크리트어로 번역하는 작업을 의뢰하기도 했던 인물이다. 그 후 노구치는 인도를 떠나 발리로 향했고, 자바 중부에 있는 9세기 불교 사원인 보로부두르를 순례했다. 캄보디아에서는 12세기 사원 단지인 앙코르와트를 찾았다. 여행은 1935년 이후 처음으로 방문한 일본에서 마무리되었다. 그곳에서 그는 그간 소원했던 친척들과 재회하였고, 치가사키 해변 근처에 있는 어린 시절의 집을 방문했다. 또한 도쿄에서 강연을 진행하며, 여행에서의 경험을 바탕으로 예술에 대한 새로우면서도 통합적인 시각을 청중들에게 제안했다. "건축과 정원, 정원과 조각, 조각과 인간, 인간과 사회 집단은 각각 서로 긴밀하게 연결되어 있어야 한다."라고 그는 강조했다. 그러면서 모든 '과거의 증거'가 '조각이 삶과 정신, 평온과의 교감 의식에서 조각이 차지하는 중요한 위치'를 입증한다고 주장했다. 이후 노구치는 하네다 공항에서 로스앤젤레스행 팬암 항공편을 타고 미국으로 돌아갔다.

세계 여행은 노구치의 작품에 깊은 영향을 미쳤으며, 그는 환경 예술에 대한 새로운 시각을 얻게 되었다. 그의 다양한 포트폴리오에 정원이 추가된 것이 그 증거이다. 이후 노구치는 여러 차례 인도와 그리스를 방문하며 계속해서 영감을 받았다.

▶ 상단 : 뉴델리, 잔타르 만타르, 1955년

▶ 하단 : 자바, 보로부두르 사원

마리안 노스, 인도의 식물을 그리기 위해 남쪽으로 떠나다

Marianne North, 1830~1890

마리안 노스는 자서전의 제목을《행복한 삶의 회상》이라고 지었다. 이 책은 주로 그림으로 남길 식물을 찾아 전 세계를 돌아다녔던 여정에 관한 애정 어린 회상으로 이루어져 있다. 빅토리아 시대의 미혼 여성이자 예술가로서, 비록 경제적으로 넉넉하지는 않았지만 그녀는 자신의 성별에 대한 제한과 자신이 선택한 장르의 관습에 일관되게 저항했다.

노스가 당시 '열대'라고 불렸던 세계와 처음 마주한 것은 런던 큐 왕립식물원에서였다. 스물여섯 살이었던 그녀는 정원을 둘러보던 중 큐 식물원의 윌리엄 후커 경으로부터 '현존하는 가장 웅장한 꽃 중 하나'로 여겨지는 미얀마(당시 버마)의 난초나무(암허스티아 노빌리스) 가지를 선물 받았다. 말년에 그녀는 독특한 노력의 결실인 약 832점의 식물 그림을 왕립식물원에 기증했고, 이를 전시할 갤러리도 함께 남겼다. 그리스 신전 양식으로 설계된 마리안 노스 갤러리는 1882년에 문을 열었으며 오늘날에도 여전히 개방되어 있다.

1855년 어머니가 돌아가신 후 노스는 아버지의 일을 도맡아 하며 그에게 헌신했다. 또한 노스는 반 포인켈 양으로부터 당시 사람들이 '꽃 그림'이라고 조롱하던 그림을 진지하게 배우기 시작했는데, 반 포인켈은 그녀에게 구성의 기초를 가르쳐주었다. 노스는 고립된 표본이 아닌 실제 자연 환경 속에서 식물을 묘사하고, 부드러운 수채화 대신 유화를 사용하면서 자신만의 길을 개척했다. 그녀는 아버지와 함께 유럽 전역과 이집트를 여행했으며, 1869년 아버지가 돌아가신 후에도 전 세계를 누볐다. 이후 15년 동안 노스는 연필과 붓으로 무장한 채 미국, 캐나다, 보르네오, 브라질, 일본, 자메이카, 호주, 인도 등 약 14개국을 방문하게 된다. 그녀의 단독 탐험은 언론에 보도되었고, 자연주의자이자 진화론자인 찰스 다윈은 그녀의 그림이 과학적으로 정확하다는 찬사를 보냈다.

노스의 가장 긴 여행 중 하나는 인도 여행이었다. 노스는 1877년부터 1879년까지 1년이 넘는 기간 동안 콜카타(당시 캘커타)에서 델리, 자이푸르 등 인도 전역을 여행했다. 저명한 영국 출신 인사들의 소개장과 초대 덕에 인도에 장기간 체류할 수 있었으며, 그녀에게 문을 열어주지 않는 식물원은 단 한 곳도 없었다.

1877년 9월 10일 타구스 호를 타고 사우샘프턴을 출발한 노스는 리스본, 지브롤터, 몰타를 거쳐 스리랑카(당시 실론)의 갈에 도착한 후 증기선을 타고 인도 남부 타밀 나두의 '진주 도시', 투투쿠디(당시 투티코린)로 향했다.

그녀는 "인도 여행의 첫 번째 인상은 팔미라와 부채야자, 선인장으로 뒤덮인 백사장"이었다고 썼다. 원숭이, 코끼리, 황소, 앵무새와 '온갖 종류의 이상한 사람들'이 있는 마두라이의 힌두교 미낙시 사원 풍경에 어리둥절했지만, 노스는 곧 그 의식의 품격에 마음을 빼앗

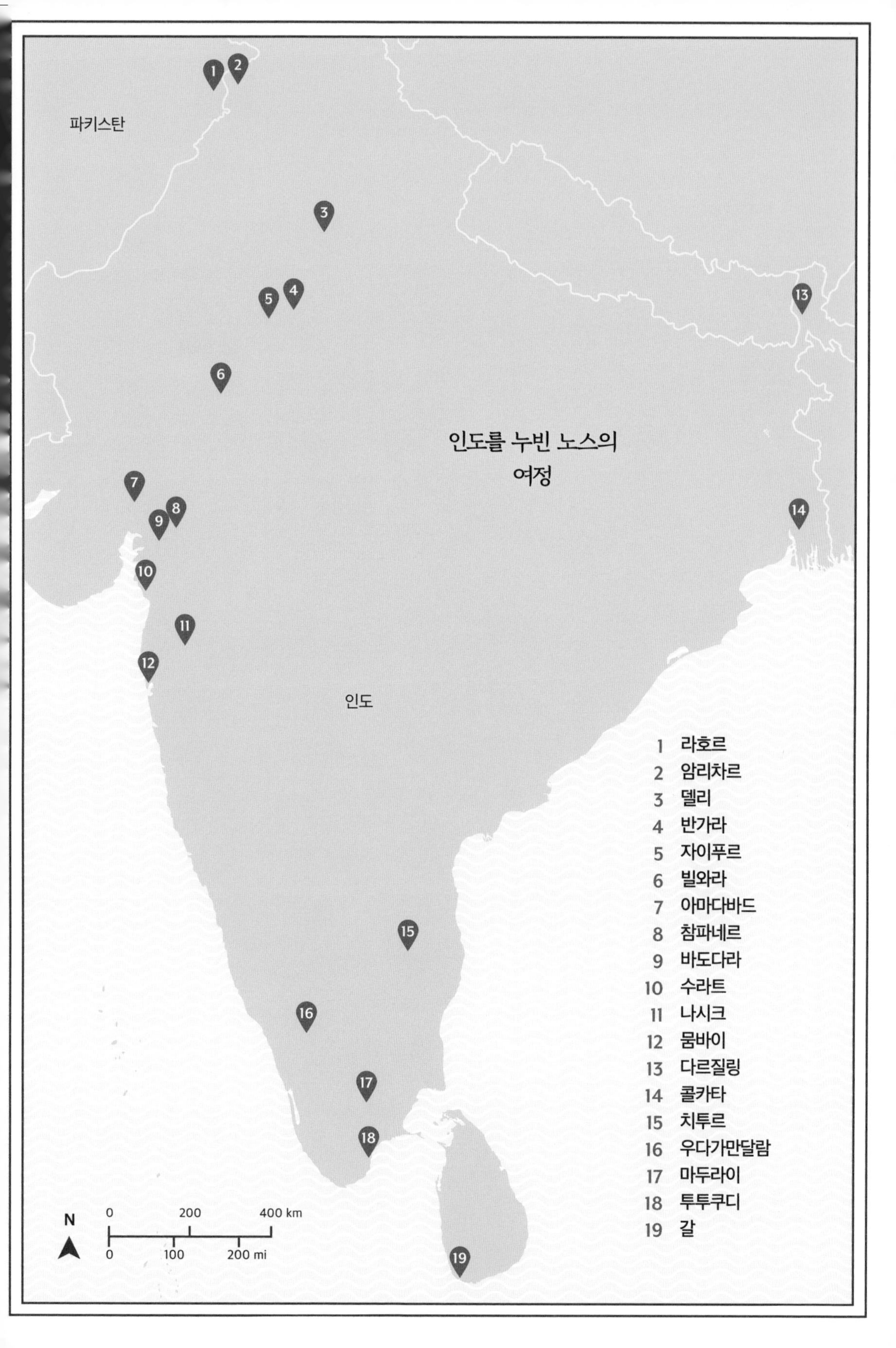

파키스탄
인도를 누빈 노스의
여정
인도
1 라호르
2 암리차르
3 델리
4 반가라
5 자이푸르
6 빌와라
7 아마다바드
8 참파네르
9 바도다라
10 수라트
11 나시크
12 뭄바이
13 다르질링
14 콜카타
15 치투르
16 우다가만달람
17 마두라이
18 투투쿠디
19 갈
N
0 200 400 km
0 100 200 mi

겼다. 시크교의 정신적 중심지인 암리차르의 황금 사원은 그녀의 방대한 여행 일정에 포함된 또 다른 종교 유적지 중 하나였다. 그곳에서 그녀는 참석자들의 화려한 의상에 감탄했다. 한편 빌와라에서는 영국 군인의 아내들이 남편을 위해 크리스마스 저녁 식사를 준비하는 이국적인 장면을 목격했는데, 대령과 그의 친구들은 친절하게도 저녁 자리에 노스를 초대해 주었다.

여행에서 노스의 주된 목표는 다양한 토착 종교 전통에서 신성시하는 식물 그림 컬렉션을 만드는 것이었다. 그러나 혼자 외진 곳을 여행하는 데 따른 스트레스는 만만치 않았다. 나시크 외곽의 고대 건물을 스케치하는 동안 개미가 몰려와 유화 물감을 먹어치우기도 하고, 우다가만달람(우타카문드라고도 함)으로부터 약 50킬로미터 떨어진 곳에서 운반꾼들을 상대하며 거의 전쟁 같은 시간을 보내기도 했다.

라호르의 알마타, 인디언 라바눔, 심라의 흰 첨탑과 델피늄, 다르질링의 데오다라, 벵골의 대나무와 칡 등의 식물은 그녀에게 매우 중요한 관심 대상이었다. 바도다라(바로다) 인근 참파네르의 잡초로 뒤덮인 모스크, 룽가룬 근처의 양치류 계곡, 치투르의 그레이트 니바

◀ 인도 다르질링

다리, 무덤과 천국의 나무가 있는 라즈푸타나 등을 돌아보면서 노스는 리슈나가 아내들을 위해 천상의 정원에서 훔쳤다고 전해지는 인도 산호 나무, 힌두교의 장례식 장작으로 사용되는 망고 나무의 열매, 하얀 꽃잎이 향기로운 카펫처럼 큰 무덤을 덮는 플루메리아에 대해 면밀히 연구할 수 있었고, 이는 곧 놀라운 작품 제작으로 이어졌다.

원래는 뭄바이에서 집으로 돌아갈 계획이었지만. 노스는 500킬로미터 떨어진 아흐메다바드까지 기차 여행을 하며 귀국을 늦췄고, 마지막으로 바도다라, 수랏, 방가르를 방문하며 여행을 마무리했다. 결국 그녀는 2월 24일 뭄바이에서 예멘의 아덴으로 향하는 P&O 선박 페킨 호에 승선하여 사우샘프턴으로 향했는데, 대륙에서 오랜만에 만난 솔런트의 차가운 공기는 충격으로 다가왔다. 노스는 1879년 3월 21일 런던에 도착했다. 그해 여름 그녀는 런던의 콘뒷 스트리트에 위치한 월세 방에서 입장료 1실링의 인도 그림 전시회를 열기로 했다. 노스는 전시 입장 수익의 3분의 2로 여행비용을 회수했고, 나머지 3분의 1은 인도 이야기를 듣겠다며 끊임없이 귀찮게 하는 친구들에게 인도 스케치를 보여주면서 '피로와 지루함을 덜어내는 데 잘 썼다'고 털어놓았다.

▼ 인도, 자이푸르의 만 사가르 호수

▶ ***스테이트 엘리펀트, 바로다,*** 1879

조지아 오키프, 서부로 가다

Georgia O'Keeffe, 1887~1986

예술가 조지아 오키프는 뉴멕시코에서 사진작가이자 예술 기획자인 남편 알프레드 스티글리츠에게 편지를 보냈다. "나는 내가 아는 어떤 곳보다 이곳에 오기를 원해요. 아무도 나를 찾아오지 않을 만큼 멀리 떨어진 지구의 끝자락에서 아주 편안하게 살 수 있는 곳이기에, 나는 이곳을 좋아해요."

미술사학자 완다 M. 콘은 오키프가 인생에서 두 가지 중요한 결정을 내렸다고 주장한다. 첫 번째는 1917년에 뉴욕에서 첫 개인전을 열었던 스티글리츠로부터 작품 활동에 집중하라는 제안을 받고, 이를 수락하여 이듬해 뉴욕으로 이주한 것이다. 두 번째는 1929년 4월, 뉴욕을 떠나 외딴 사막지대인 뉴멕시코에서 여름을 보내며 그림을 그린 것이었다. 오키프와 그녀의 친구 레베카 '벡' 스트랜드(사진작가 폴 스트랜드의 아내)는 부유한 예술 후원자이자 작가인 메이블 닷지 루한이 운영하는 타오스의 예술인 마을로 가는 기차를 타고 산타페로 향했다.

루한은 피렌체에서 미국 소설가 거트루드 스타인, 프랑스 작가 앙드레 지드와 어울렸으며, 뉴욕의 화려한 5번가 아파트에서는 아나키스트, 참정권 운동가, 급진주의자 등 다양한 계층의 사람들이 모인 전설적인 살롱을 주최했다. 1913년에는 미국 최초의 유럽 현대미술 전시회인 아모리 쇼의 개최를 지원하기도 했다. 1917년 어느 점쟁이의 예언을 듣고 뉴멕시코로 이주한 후 루한은 아메리카 원주민의 토지 권리를 주장하는 열렬한 운동가가 되었다. 루한의 방명록에는 소설가 윌라 캐더와 극작가 손턴 와일더부터 은둔형 할리우드 스타 그레타 가르보, 작가 D.H. 로렌스까지 당대 최고의 예술가와 작가들의 이름이 적혀 있다. 로렌스는 타오스에서의 경험을 바탕으로 소설 〈날개 돋친 뱀〉과 단편 소설 〈도망친 여자〉를 썼는데, 뉴멕시코를 배경으로 한 이 두 작품에는 루한을 모델로 한(더 정확히 말하면 냉소적이고 풍자적인 버전) 캐릭터가 등장한다.

5헥타르에 달하는 광활한 사막에 위치한 루한의 영지에는 도자기로 만든 멕시코 수탉 컬렉션에서 이름을 딴 웅장한 농장, 로스 갈로스와 다섯 채의 게스트 하우스, 여러 채의 헛간과 마구간이 자리하고 있었다. 오키프와 스트랜드는 타오스에 게스트 하우스를 배정받았고, 예술가들의 스튜디오로 사용할 오두막 한 채가 추가로 주어졌다. 타오스에 도착한 순간부터 고산지대의 맑은 공기를 마시며 상쾌한 기운을 받은 오키프는 그곳에 매료되었다. 탁 트인 공간은 그녀가 어린 시절을 보냈던 중서부 위스콘신주 선프레리 근처의 낙농장을 연상시켰고, 사막 풍경의 황량한 아름다움은 텍사스에서 미술 교사로 일했던 시절을 떠올리게 했다. 콘이 보기에 오키프는 이곳에서 '자신이 미국 서부의 딸'임을 깨달은 것 같았다. 뉴멕시코로의 첫 여행에서, 그녀와 스트랜드는 캘리포니아의 타오스 푸에블로와 메사 베르

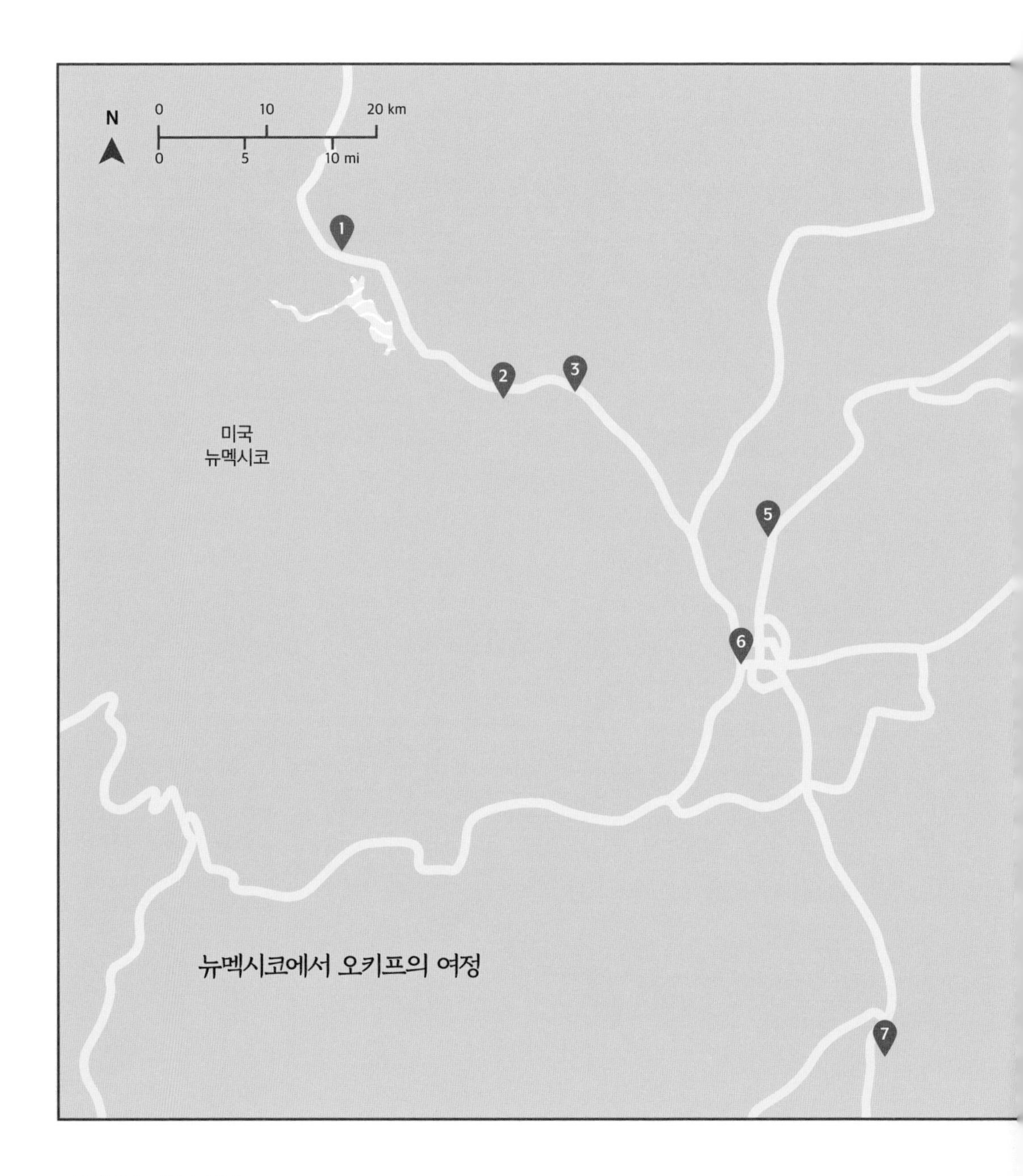

◀ 앞페이지 : 미국, 뉴멕시코,
조지아 오키프의 고스트
랜치

데까지 자동차로 이동하며 인근 아메리카 원주민 보호 구역에서 부족의 춤을 보고, 아도비 진흙으로 빚어 손으로 조각한 인테리어와 눈부신 히스패닉 제단화로 꾸며진 현지 가톨릭 교회를 방문했다.

그전까지 오키프는 자동차에 대한 경험이 거의 없었고, 스티글리츠는 자동차를 현대 세계의 악 중 하나로 여겼다. 하지만 서부로 첫발을 내디딘 후 오로지 뉴멕시코를 탐험하기 위해 오키프는 포드 모델 A를 구입하고 운전을 배웠으며, 이후 20년 동안 거의 빠짐없이 뉴멕시코를 방문하다가 스티글리츠가 사망한 직후 이곳에 정착하게 된다. 반면 스티글리츠는 단 한 번도 서부로 여행을 떠난 적이 없었다.

1930년 오키프는 루한의 휴양지로 돌아왔다. 그곳에서 다른 순례자들과 함께 사진작가 안셀 애덤스를 만났는데, 이후 그는 서부에서 오키프와 가장 친하게 지낸 친구 중 한 명이 되었다. 그러나 예술가들이 끊임없이 찾아오는 곳이었던 로스 갈로스와 그 주변은 평화와 고독을 소중히 여겼던 오키프에겐 지나치게 번잡했다. 그녀는 그 후 '친구네 목장'이라 불리는 휴양용 농장을 조사했는데, 이는 서해안과 동해안 양쪽의 도시인들 사이에서 인기 있는 휴가지였다. 〈뉴요커〉는 만평을 통해 이러한 형태의 여가 활동을 조롱했지만, 〈보그〉와 같은 패션 바이블에서는 트렌디한 라이프스타일로 소개되며 인기를 끌었다. 이러한 장소에서 도시인들은 몇 주 동안 카우보이(또는 카우걸)가 되어 캠핑을 하거나 작은 별장(게스트 하우스)에서 생활하며, 공동으로 식사하고, 승마를 즐기면서 거칠게 놀 수 있었다. 오키프는 말이나 서부 개척시대 체험에는 큰 관심이 없었지만 1931년 뉴멕시코를 세 번째로 방문했을 때 에스파뇰라 북쪽의 작은 마을 알칼데에 있는 H&M 랜치에 머물렀다. 알칼데에서 북쪽으로 23킬로미터 떨어진 곳에는 티에라 아줄이 있는데, 오키프는 밝은 베이지와 갈색, 붉은빛이 섞인 이곳의 모래 언덕에 매료되어 이를 화폭에 담았다.

록펠러의 후계자이자 미술 애호가인 데이비드 맥알핀 덕분에 오키프는 세로 페데르날 산 그늘에 있는 고스트 랜치에 대해 알게 되었다. 분홍색과 노란색 절벽 풍경이 펼쳐져 있는 고스트 랜치는 필라델피아의 부유한 부부인 아서와 피비 팩의 사유지로, 사람들에게 잘 알려지지 않은 장소였다. 오키프는 고스트 랜치에 반했고, 마침내 메인 목장에서 약 5킬로미터 떨어진 곳에 약 3헥타르의 땅을 소유한 '랜초 데 로스 부로스'의 주인이 되었다. 비록 수돗물이 나오지 않고 중앙 안뜰에서는 방울뱀이 끊임없이 위협을 가하는 데다가 식료품을 사려면 온하루 종일 거친 길을 따라 이동해야 했지만, 오키프는 집 앞에 펼쳐진 사막의 파노라마 전망을 좋아했다. 1939년, 그녀는 예술가로서 이 별장의 중요성을 설명하며 다음과 같이 썼다.

집 앞을 지나면 황무지가 펼쳐지고, 언덕과 언덕이

이어진다. 기름과 섞어 물감을 만드는 것 같은 종류의 흙으로 이루어진 붉은 언덕…. 화가의 팔레트에 담긴 모든 지구의 색이 수 마일에 이르는 황무지에 펼쳐져 있다. 황토색부터 밝은 나폴리 노란색, 주황색과 붉은 보라색 흙, 심지어 부드러운 흙빛까지.

고스트 랜치 주변의 사막 풍경은 〈라벤더 힐스와 삼나무〉, 〈퍼플 힐스 고스트 목장 2〉, 〈리오 차마, 고스트 랜치〉와 같은 주요 작품 속에 담겼다.

1946년 스티글리츠가 사망한 후, 유산을 정리하고 자료를 보관할 공간을 찾던 오키프는 그로부터 3년 후 뉴멕시코로 완전히 이주하여 산타페에서 남쪽으로 약 80킬로미터 떨어진 아비퀴우에 집과 1.6헥타르의 땅을 소유하게 된다. 뉴욕을 영원히 떠나기 직전, 오키프는 도시의 출입구 같은 브루클린 다리를 그렸다. 화폭 한가운데를 상징적으로 가로지르는 다리의 강철 케이블이 맑고 푸른 하늘로 이어지는 그림이다.

◀ 뉴멕시코 차마 강을 촬영하는 조지아 오키프, 1951년.

▼ *뉴멕시코-타오스 인근*
1929

파블로 피카소, 남프랑스에 빠져들다

Pablo Picasso, 1881~1973

1918년 스페인 예술가 파블로 피카소는 파리의 러시아 정교회 대성당에서 발레리나 올가 코클로바와 결혼했다. 피카소는 세르게이 디아길레프와 에릭 사티가 제작하고 장 콕토가 세트를 디자인한 발레 공연 〈퍼레이드〉에서 춤추는 올가를 보고 사랑에 빠졌다. 디아길레프는 1919년 초에 두 사람을 런던으로 데려가 3개월 간 〈세 개의 모서리가 달린 모자〉라는 또 다른 발레 작품을 공연할 예정이었는데, 피카소는 이 공연의 의상과 세트를 맡았다.

그해 8월, 파블로와 올가는 코트다쥐르에 있는 트렌디한 휴양지, 생라파엘을 방문했다. 러시아 제국군 대령의 딸인 올가는 상류층에서 자란 파블로에 비해 더 강하게 이곳에 매료되었을 것이다. 하지만 이 여행은 피카소와 남프랑스와의 관계의 시작을 알리는 계기가 되었으며, 그 관계는 피카소가 일생에서 만난 다양한 여자들과의 관계보다도 오랜 세월 이어지게 된다. 이듬해 여름, 예상했던 세련된 휴양지와는 다른 풍경에 실망한 올가와는 달리, 피카소는 부활절 이후 방문객이 거의 없는 고풍스러운 작은 어항 주안 레 팽에서 하선한 후 프랑스 리비에라의 매력에 푹 빠졌다. 상류층들은 그곳을 거의 찾지 않았고 그나마도 겨울에 잠깐 인근의 칸과 몬테카를로를 방문하는 정도였으나, 피카소는 주안 레 팽과 앙티브 지역에 곧장 매료되었다. 훗날 피카소는 이렇게 회상했다. "바로 이 풍경이 내가 찾던 풍경이라는 것을 깨달았다." 그는 황량한 모래사장과 소나무가 점점이 박힌 해안선, 어부들의 오두막집, 마을의 좁은 거리와 파스텔 톤의 스투코 주택(시멘트와 모래를 혼합해 만든 판토벽인 스투코로 외벽을 마감한 주택 —편집자)을 사랑했다. 여유로운 분위기와 풍경이 고향인 카탈루냐의 카다케스를 떠올리게 했기에, 피카소는 이듬해 여름에도 이곳을 찾고 싶어 했다. 그러나 1921년 2월 아들 파울로가 태어난 후, 올가의 주장에 따라 가족들은 영국 귀족과 부유한 미국인들이 즐겨 찾는 브르타뉴 해안의 디나르에서 여름을 보냈다.

하지만 곧 피카소는 제럴드 머피와 사라 머피의 권유로 캅 당티브로 돌아오게 된다. 이 미국인 부부는 제1차 세계대전 이후 유럽 대륙에 정착한 새로운 세대의 부유한 보헤미안 외국인들을 대표했다. 사라는 신시내티에서 백만장자 잉크 제조업체의 장녀로 태어나, 유럽에서 독일과 영국 귀족들과 어울리며 자랐다. 예일대학교를 졸업한 독서광이었던 제럴드는 뉴욕 명품 업체 대표의 차남이었다. 가족의 결혼 반대(특히 사라의 아버지는 제럴드를 마음에 들어하지 않았다)와 물질주의적이고 엘리트적인 미국 사회의 답답함에 반발한 머피 부부는 1921년 파리로 이주했다. 그곳에서 제럴드는 그림을 그리기 시작했고, 머피 부부는 파리 모더니즘 예술계의 주요 인물들과 우정을 쌓았다. 디아길레프와 이고르 스트라빈스키 같은 러시아 이민자, 작가 존 도스 파소스

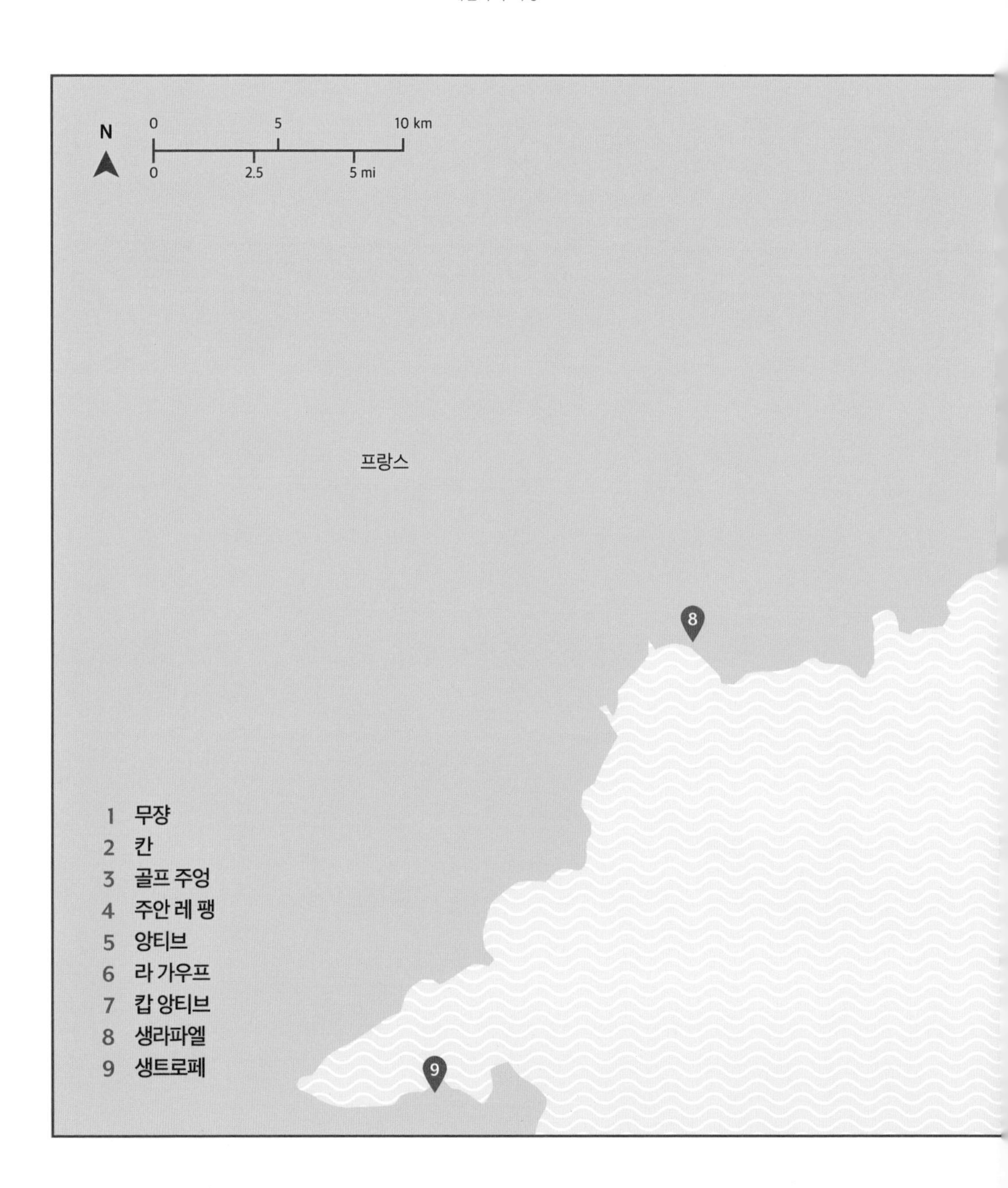
N
0
5
10 km
0
2.5
5 mi
프랑스
8
9
1 무쟝
2 칸
3 골프 주엉
4 주안 레 팽
5 앙티브
6 라 가우프
7 캅 앙티브
8 생라파엘
9 생트로페

◀ 앞페이지 : 프랑스, 칸

와 어니스트 헤밍웨이 같은 동료 미국인, 그리고 피카소도 이들의 친구 목록에 이름을 올렸다.

1922년 머피 부부는 작곡가이자 작사가인 콜 포터(제럴드의 친구)의 요청으로 프랑스 리비에라를 처음 방문했다. 두 사람은 그 이후부터 리비에라를 태양과 바다를 즐기는 엘리트들의 여름 휴양지로 만들기 위해 누구보다 많은 노력을 기울였다. 포터는 리비에라로 돌아오지 않았지만 머피 부부는 다음 해에 돌아올 계획을 세우고는 앙티브 '호텔 뒤 캅'의 매니저를 설득해 (보통 5월 1일에 문을 닫는) 호텔을 특별히 개방하게 했다. 그리고 파리에 있는 친구들에게 앙티브 행을 권유했다.

피카소는 이미 이곳에 매료돼 있었기에 설득할 필요가 없었다. 피카소와 올가, 파울로, 화가의 어머니인 도나 마리아는 1923년 7월에 호텔 뒤 캅에 예약을 했다. 나중에 그들은 주안 레 팽에 있는 별장으로 옮겼는데, 피카소에게는 황금 같은 시간이었다. 피카소는 거의 매일 수영하고, 보트를 타고, 스케치하고, 머피 부부를 비롯한 일행과 함께 라 가루프에서 여흥을 즐기며 몇 주를 보냈다. 활기차고 당당한 사라 머피는 피카소에게 매우 매력적으로 다가왔는데, 그는 답답할 정도로 딱딱하고 형식적인 태도를 보이며 캅 앙티브의 분위기에 녹아들지 못하는 올가에 질린 상태였다. 피카소의 전기 작가 존 리처드슨은 '피카소와 사라가 불륜을 저질렀다고 확신하는 이가 비단 자신만은 아닐 것'이라고 썼다. 어쨌든 그는 휴가 기간 동안 사라와 올가를 담은 수많은 그림을 그렸다. 또한 그리스 도자기의 도상과 현지 해변 생활에서 영감을 받아 일련의 신고전주의 풍 작품을 제작했는데, 그 결과 〈목욕하는 여인들〉, 〈판의 파이프〉 같은 그림이 탄생했다.

1년 후 피카소는 다시 이곳으로 돌아왔고, 이번에는 첨탑이 있는 중세풍의 호텔 '빌라 라비지에'에 머물게 되었다. 작품에 몰두한 화가는 길 한가운데 있는 창고에 작업실을 마련했다. 호텔부터 소나무 그늘이 드리워진 해안에 이르기까지 마을의 전경을 담은 매력적인 작품 〈주앙 레 팽〉에서 이 호텔의 첨탑을 쉽게 찾아볼 수 있다.

1925년 프랑스 리비에라 지역은 대중적인 관광지가 되었고, 해변에서 보내는 휴가는 〈보그〉에 실릴 정도로 유행하기 시작했다. 하지만 코트다쥐르는 여전히 트렌디하고 세련된 분위기를 간직하고 있었다. 그해 여름 피카소는 프랑스 리비에라에서 초현실주의 화가 앙드레 브르통을 처음 만났다.

1927년 1월 8일, 피카소는 파리의 한 상점 창문 너머로 열일곱 살의 마리 테레즈 월터를 발견하고 초상화를 그려주고 싶다며 유혹했다. 마리 테레즈는 피카소의 정부이자 1935년에 태어난 딸 마야의 어머니가 되었다. 두 사람의 관계는 비밀리에 진행되었고 피카소는 종종 주앙 레 팽에 있는 가족들의 피서지 바로 위쪽에 있는 펜션에 연인을 들이는 등 엄청난 모험을 감행하기도 했다.

하지만 마리 테레즈 역시 피카소를 두고 사진작가 도라 마르와 경쟁하게 된다. 1936년 여름, 마리 테레즈와 마야가 노르망디로 떠난 사이 피카소는 시인 폴 엘루아르와 그의 예술가 아내 누쉬를 만나기 위해 무쟝으로 향했다. 엘루아르는 빌라 데 살랭에 머물고 있던 친구들을 만나기 위해 생트로페로 떠났다. 빌라에 초대받은 손님 중에 도라가 있었고, 그렇게 리비에라 해변에서 열정적인 사랑이 꽃을 피웠다. 피카소는 좌파 정치에 대한 그녀의 헌신과 더불어, 그가 올가와 결혼한 상태이며 마리 테레즈라는 정부가 있다는 사실에도 그다

▲ 프랑스, 앙티브

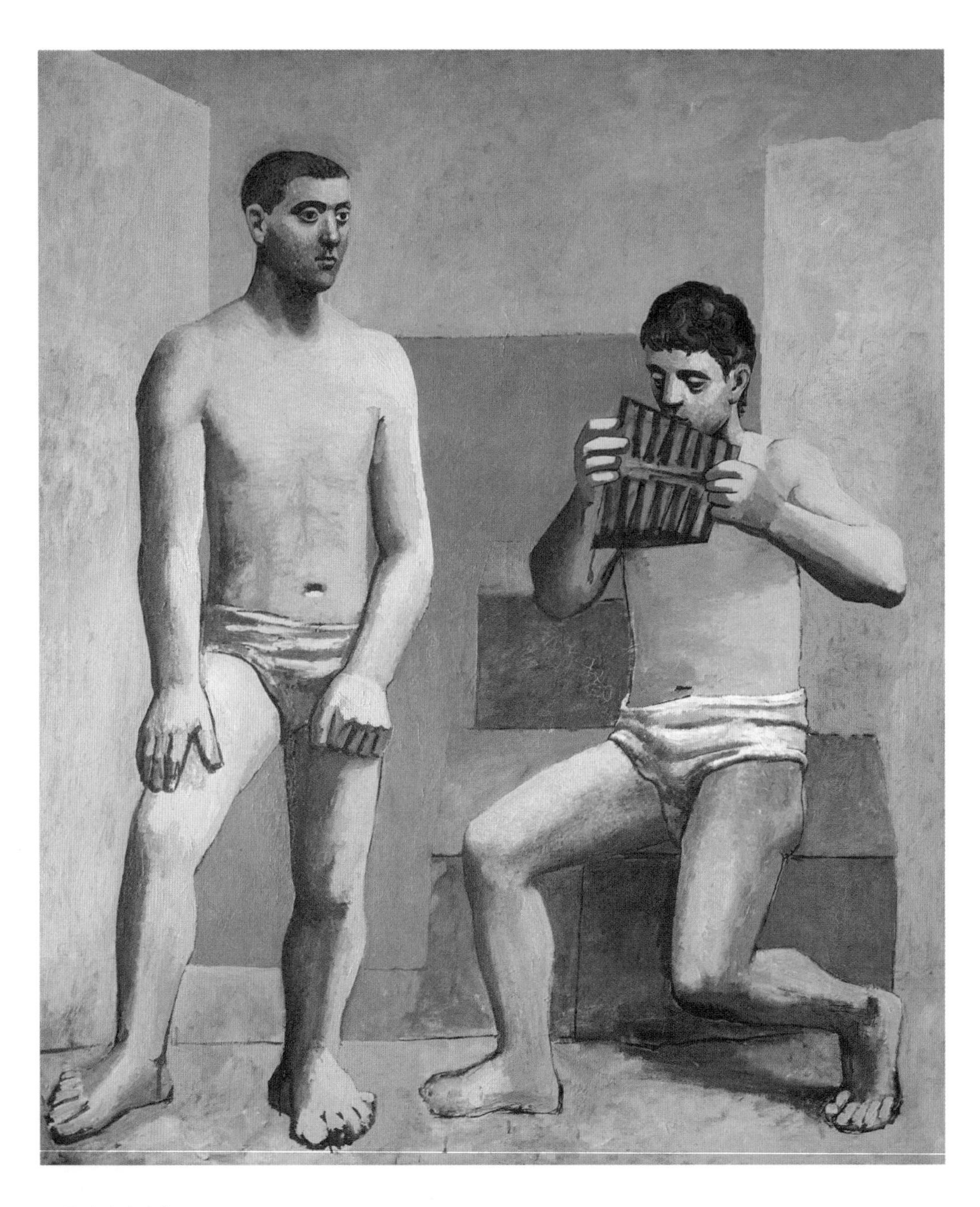

▲ *목신 판의 피리*, 1923.

지 당황하지 않는 모습에 두 배로 감명을 받았다.

도라는 스페인 내전 중 공화군에 의해 바스크 마을이 함락된 후 고뇌하는 피카소를 촬영하며 〈게르니카〉의 탄생을 사진 기록으로 남겼다. 그녀는 표면적으론 초상화이지만 실은 스페인의 정치적 사건을 다룬 또 다른 작품 〈우는 여인〉의 모델이며, 〈앙티브의 밤낚시〉에 등장하는 부두에 서 있는 여성 인물 중 한 명의 모델이기도 하다. 이 섬뜩하고 빛나는 그림은 피카소가 규칙적으로 밤 항구 주변을 산책하면서 해안가에서 느낀 인상을 화폭에 옮긴 것이다. 벽면 전체를 가득 채울 정도로 거대한 캔버스에 그려진〈앙티브의 밤낚시〉는 1939년 7월 말과 8월 초 피카소가 한창 활동하던 시기에 제작됐는데, 또다시 세계대전이 발발하는 것은 아닐까 하는 피카소의 불안감 덕분에 서둘러 완성될 수 있었다. 9월, 전쟁이 발발하자 피카소는 파리로 돌아왔다. 그는 도피하라는 제안을 거부하고 나치가 작품 전시를 금지했음에도 불구하고 독일 점령 기간 내내 프랑스 수도에 머물기로 결정했다.

전쟁이 끝나자 화가는 다시 남쪽으로 향했다. 1946년 피카소는 앙티브의 샤토 그리말디에 있는 박물관 위의 큰 방에서 그림을 그리며 시간을 보내자는 로무알드 도르 드 라 수셰르의 제안을 수락한다. 이 무렵 피카소의 인생에 새로운 여인이 등장하는데, 피카소보다 마흔 살가량 어린 데다 당시 임신 중이었던 젊은 화가 프랑수아즈 질로였다. 피카소는 샤토의 스튜디오에서 작업하는 동안 길 건너편에 있는 골프 주앙의 어느 집에 머물렀다. 〈삶의 기쁨〉은 제목에서 알 수 있듯이 활기가 넘치는 그림이자 이 시기 피카소의 마음 상태를 잘 보여주는 작품으로, 놀랍도록 생산적이었던 앙티브 시기에 탄생했다. 9월 17일부터 11월 10일까지 두 달 남짓한 기간 동안 피카소는 100점에 가까운 작품을 제작했는데, 대부분 동물, 켄타우로스, 염소 등 고대와 신화에 등장하는 익살스러운 인물을 소재로 한 작품이었다. 현지 어부들이 지중해에서 건져 올린 해산물과 해안에 떠밀려온 뾰족한 성게를 화려하게 묘사한 정물화도 있다. 이처럼 피카소는 지중해가 제공하는 기하학적 가능성에 한창 매료되어 있었다.

바다의 열매가 풍부한 앙티브였지만 전쟁으로 상처 입은 프랑스에서 유화물감과 캔버스를 구하는 일은 결코 쉽지 않았다. 피카소는 박물관 창고에 있던 캔버스를 재사용하거나 1912년 초기 입체파 시절에 사용했던 수채화 물감, 잉크, 제한된 색상(프로이센 블루, 나폴리 옐로우, 시에나 레드, 흙빛 녹색, 흑백)의 반짝이는 가정용 페인트 리폴린을 사용하여 섬유판과 폐목재에 그림을 그렸다. 이곳을 떠나며 피카소는 23점의 작품을 박물관에 기증했는데 이 그림들은 예술가에게 헌정된 영구 컬렉션의 기초가 되었고, 덕분에 샤토 그리말디는 1966년 세계 최초의 피카소 박물관이 되었다.

무쟝 언덕 위에 있는 노트르담 드 비는 피카소의 생애 마지막 12년 동안 그의 집이자 스튜디오로 사용되었다. 피카소는 35개의 방이 있는 이 집에서 마지막 파트너이자 두 번째 부인인 자클린 로크와 살았다. 그녀는 이곳에서 그려진 후기 걸작 중 하나인 〈목걸이를 한 여성 누드〉의 모델이기도 하다. 무쟝은 피카소의 마지막 주소지였지만 그의 마지막 안식처는 아니었다. 피카소가 사망하자 이 지역 시장은 '억만장자 공산주의자'(피카소는 1944년에 공산당에 가입했다)의 장례를 거부했고, 화가는 결국 엑상 프로방스 근처 보브나르그 성 정원에 안장되었다.

존 싱어 사전트, 베니스에 젖어들다

John Singer Sargent, 1856~1925

1880년 9월 사교계 초상화가인 존 싱어 사전트는 부모님, 여동생과 함께 베니스에 도착했다(그는 아기였을 때와 열네 살 때, 그리고 열일곱 살 때 이미 베니스를 방문했었다). 그의 부모님은 많지 않은 유산에 기대어 평생 유럽을 떠돌아다니며 살았던 미국인 이주자들로, 베니스에 도착하기 전 18개월 동안 사전트는 이미 스페인, 모로코, 튀니지, 네덜란드를 거쳤다. 이 여행은 그에게 아이디어를 샘솟게 해 주었고 이후 파리의 살롱전에서 호평을 받게 되는 두 점의 그림, 〈용연향의 연기〉 와 〈엘 할레오〉에 대한 소재를 제공해 주었다. 다른 여행지들과 마찬가지로 베니스 역시 무르익은, 어쩌면 다른 도시들보다 더 무르익은 영감으로 가득했고, 사전트는 살롱전 출품작에 적합한 주제를 찾기 위해 겨울 동안 베니스에 머물기로 결정했다. 가족들이 프랑스 니스로 떠난 후, 그는 글자 그대로 시계탑 근처에 위치한 산 마르코 광장 290번지의 호텔 델 오롤로지오에 숙소를 잡았다. 또한 대운하의 팔라초 레조니코에 작업실을 얻었는데, 15세기에 지어진 낡은 궁전을 벌집처럼 잘게 쪼갠 곳으로 '진정한 예술가들의 막사'라고 불리던 건물이었다.

사전트는 6개월 간 베니스에 머물 예정이었다. 이 도시에서 처음으로 장기간 머무는 동안, 그는 제임스 애보트 맥닐 휘슬러를 알게 되었다. 이후 사전트는 1882년 8월 다시 베니스로 돌아와 그해 10월까지 머물렀다. 이번에는 하버드에서 교육을 받은 화가인 사촌 랄프 워멀리 커티스와 팔라조 바르바로에서 거주하며 함께 작업했다. 대운하 근처의 팔라초 바르바로는 커티스의 부모님인 아리아나와 다니엘 사전트 커티스 소유의 호화로운 고층 아파트로, 예술에 관심이 많은 영미계 유명 인사들이 베니스를 방문하면 첫 번째로 들르는 곳이었다. 근처에 살았던 로버트 브라우닝은 종종 시를 읽으러 놀러 왔으며 헨리 제임스는 소설 〈비둘기의 날개〉에서 이곳을 불멸의 장소로 만들었다. 제임스가 느낀 베니스의 매력은 화려함과 지저분함, 양면 모두였다. 그는 "베니스의 비참함은 전 세계가 볼 수 있도록 그곳에 서 있다."며 "그것은 이 도시 정경의 일부이며, 이 지역의 색채를 철저하게 신봉하는 자는 그것이 이 도시가 주는 즐거움의 일부라고 일관되게 말할 수 있다."라고 썼다. 사전트는 제임스가 언급한 신봉자 중에 한 명이라 할 수 있었다. 베니스에서 보낸 두 번의 중요한 체류 기간 동안, 사전트는 베니스의 지저분한 속살에 즉시 매료되었다. 그는 베니스의 기념비적인 건축물을 외면하고, 베니스의 역사에 코웃음을 치며, 반짝이는 돔을 완전히 무시했다. 그 대신 낡은 운하, 낡은 자갈이 깔린 뒷골목, 노숙자와 외로운 여인, 담배를 피우는 농민과 구슬을 꿰는 어두운 눈의 여인들이 가득한 우울한 방에 집중했다. 살롱 전에 출품할 작품이 결국 무산되자 사전트는 곤돌라를 타고 수채화를 그리며 외광 회화를 실험했다. 그는 때때로 물 위에서 포즈를 취할 모델을 고용

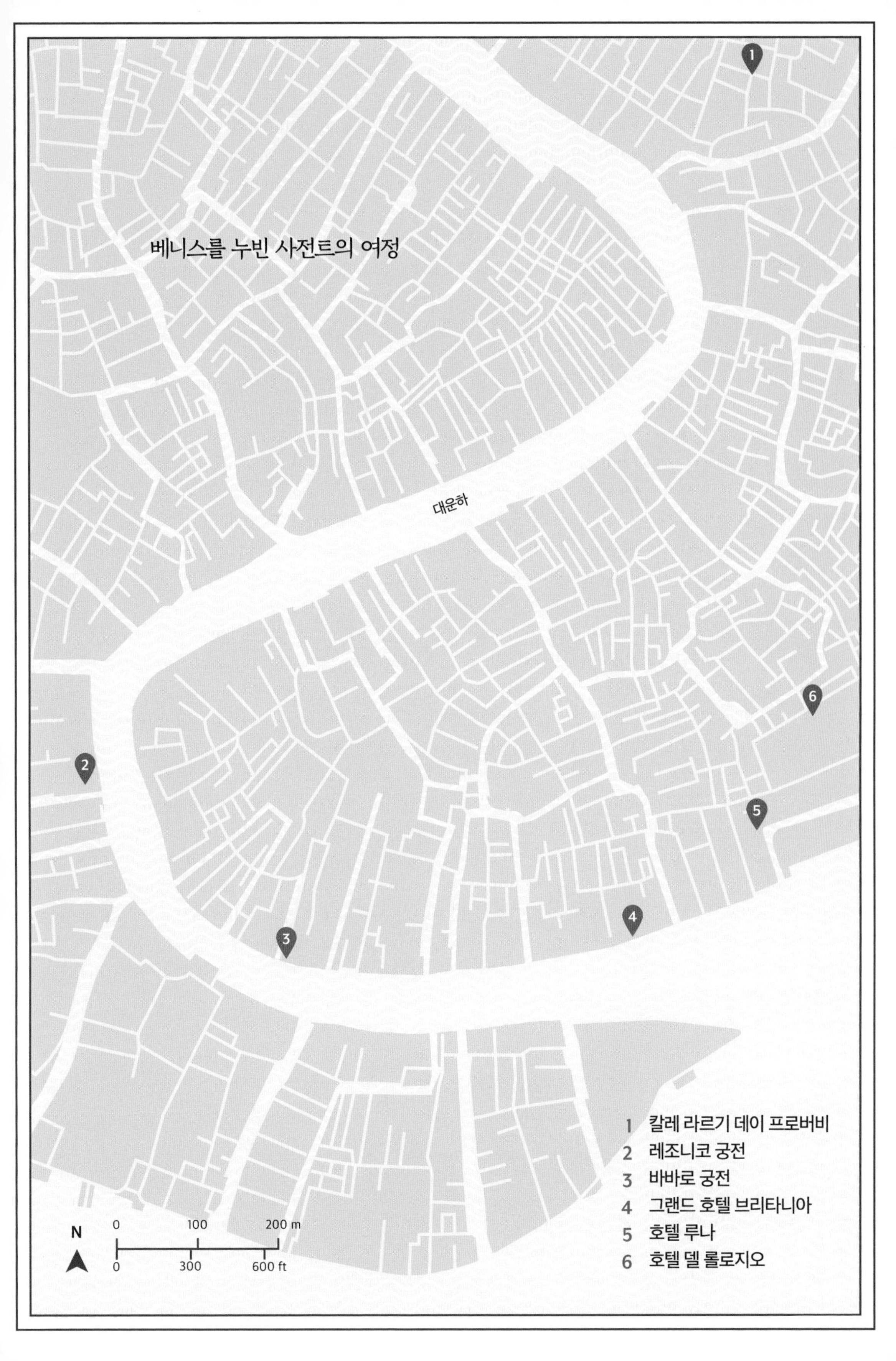
베니스를 누빈 사전트의 여정
대운하
1 칼레 라르기 데이 프로버비
2 레조니코 궁전
3 바바로 궁전
4 그랜드 호텔 브리타니아
5 호텔 루나
6 호텔 델 롤로지오
N
0
100
200 m
0
300
600 ft

하기도 했지만, 결국엔 지저분한 풍경 안에 마치 진흙 속 진주 같은 아름다움이 내재되어 있는 이 도시의 본질을 혁명적인 작품으로 표현해 냈다. 〈베네스의 물 지게꾼〉에서는 도시 개발로 쓸모없는 직업이 된 비골란티(물 나르는 인부)의 모습을 기록했으며, 〈베니스의 거리〉에는 캄포 산 칸치아노 근처의 낡은 칼레 라르가 데이 프로베르비 길 풍경을 담았고, 〈곤돌라를 탄 여인〉에서는 검은 옷을 입은 피사체가 운하에서 표류하며 홀로 서 있는 모습을 포착했다.

1884년, 사전트의 그림 〈마담 X(또는 마담 피에르 고트뢰)〉가 파리 살롱전에 출품되었다. 노출이 심한 드레스를 입고 매혹적인 포즈를 취한 고트뢰 부인의 모습을 그린 이 그림은 엄청난 스캔들을 일으켰고, 사전트는 파리 사교계로부터 배척당하게 된다. 그 후 사전트는 런던으로 이주했지만, 그럼에도 유럽과 그 밖의 지역을 계속 여행하며 여러 번 베니스로 돌아왔다. 1898년부터 1913년까지 거의 매년 베니스를 방문했으며, 주로 팔라초 바르바로에 머물거나 여의치 않을 때는 산 마르코 인근의 그랜드 호텔 브리타니아에 묵었다. J.M.W. 터너와 프랑스 인상파 화가 클로드 모네 역시 이 호텔에 머물렀던 적이 있다. 처음 체크인한 후 모네의 아내는 가족들에게 쓴 편지에서 이렇게 말했다. "마침내 호텔 브리타니아에 도착했는데, 팔라초 바르바로에서보다 더 아름다운 전망을 감상할 수 있어." 산 마르코에 있

◂ 베니스의 대운하

는 호텔 루나 역시 사전트와 그의 여동생 에밀리가 애용했던 곳이다. 1900년 런던 왕립 아카데미에 출품한 〈베니스의 실내 정경〉과 졸고 있는 뱃사공이 등장하는 1904년 작 〈곤돌리에의 낮잠〉과 같은 그림에서는 작가의 집착이 다시 드러난다.

명성을 가져다준 초상화에 지친 사전트는 베니스의 건축과 지형에 더욱 몰두하게 되었다. 그는 서른 점 이상의 운하 수채화를 그렸는데, 그중 상당수는 아치형 통로와 교각 같은 작은 건축적 디테일을 담고 있다. 미술사학자 워렌 아델슨은 이 그림들이 "마치 화가와 함께 도시를 탐험하는 듯 한 착각을 불러일으킨다."라고 평가했다. 베니스는 궁전과 교회로 유명하지만, 사전트는 산 마르코 대성당 못지않게 대운하, 리바 델리 스키아보니, 자테레의 소박한 건물에도 똑같이 관심을 기울였다. 그에게 피아제타의 리브레리아는 총독궁보다 흥미로웠고, 돛대와 장비가 달린 주데카 운하의 배는 교회 첨탑만큼이나 매혹적인 것이었다.

1925년 사망할 때쯤에는 모더니즘 이전 시대의 유물로 간주되었던 사전트이지만, 그는 수많은 예술가들이 외면했던 베니스의 이면을 보여주었으며 그의 도시 풍경은 오랫동안 번성해 온 동화 속 물의 도시에 새로운 신비로움을 더했다.

▶ *리오 디 산 살바토레, 베니스*, 1906-11.

호아킨 소욜라 이 바스티다, 스페인 전역을 화폭에 담다

Joaquín Sorolla y Bastida, 1863~1923

1880년경부터 제1차 세계대전 사이의 시기를 일컫는 벨 에포크(프랑스어로 '아름다운 시절'이라는 뜻이다)는 금빛 시대라고도 불린다. 초상화 분야에서 존 싱어 서전트와 비견되는 호평을 받았던 스페인 화가 호아킨 소욜라 이 바스티다만큼 이 금빛 시대를 화려하게 보낸 화가도 드물었다. 그는 빛에 대한 독특한 감각을 가지고 있었으며 풍경, 친밀한 가정 장면, 역사, 신화 및 사회 그림을 웅장한 스케일로 그리는 데 탁월한 재능을 지니고 있었다.

소욜라는 1909년 미국 히스패닉 협회 창립자인 아처 밀턴 헌팅턴의 초청으로 미국으로 건너가 뉴욕에서 전시회를 개최했다. 전시회는 찬사를 받았고, 소욜라는 미국 대통령 윌리엄 하워드 태프트의 초상화를 그려달라는 요청을 받았다. 소욜라와 헌팅턴은 2년 전 런던에서 만난 적이 있었다. 미국 최고의 부호 중 한 사람의 외아들이었던 헌팅턴은 열두 살 때인 1882년 조지 보로우의 로마 민족에 대한 연구서《징칼리, 또는 스페인 집시에 관한 이야기》를 읽은 후 스페인에 대한 관심을 갖게 되었다. 2년 후 그는 스페인어 정규 수업을 받기 시작했고, 1892년에는 처음으로 스페인을 방문했다.

헌팅턴은 어퍼 맨해튼에 설립할 스페인 공공 도서관과 박물관을 위해 소욜라에게 문화계 주요 인사들의 초상화를 제작해 달라고 의뢰했다. 소욜라는 소설가 베니토 페레스 갈도스, 풍경화가 아우렐리아노 데 베루에테, 헤레즈 데 로스 카발예로스 후작 마누엘 페레스 데 구스만 등의 초상화를 그렸다. 헌팅턴은 또한 소욜라에게 새 연구소의 회랑 벽을 채울 벽화를 주문했다. 스페인 역사의 이정표를 묘사해 달라는 주문에, 소욜라는 과거를 회상하는 한 장의 연표 대신 스페인의 다양한 지역적 특색을 보여주는 생활상을 담은 일련의 그림을 제안했다. 헌팅턴은 화가의 아이디어를 받아들였고, 둘은 1911년 기념비적인 열네 점의 작품을 제작하기로 합의했다. 그림들은 야외에서 그려질 예정이었으며, 소욜라의 말을 빌리자면 "상징이나 문학적 표현 없이 각 지역의 특징을 명확하고 진실하게 담아낼 것"이었다. 화가는 이 프로젝트에 대한 포부를 밝히며 "각 지역의 그림 같은 면을 찾아 스페인을 대표할 수 있는 그림을 그리는 것"을 목표로 하고 있다고 말했다.

'그림 같은'이라는 용어는 대개 산이나 시골 풍경처럼 매력적이거나 눈길을 끄는 것을 가리킬 때 사용되곤 한다. 하지만 미학에서 이 용어는 상당히 구체적이고 역사적인 의미를 지니고 있다. 18세기 후반 영국의 성직자이자 수채화가였던 윌리엄 길핀은 '그림 같은 것'을 '그림에 어울리는 독특한 종류의 아름다움을 표현하는 용어'로 정의했다. 길핀은 히어포드셔에 있는 와이 협곡의 험준한 풍경을 영국에서 가장 그림 같은 장소 중

◀ 앞페이지 : 스페인,
발렌시아

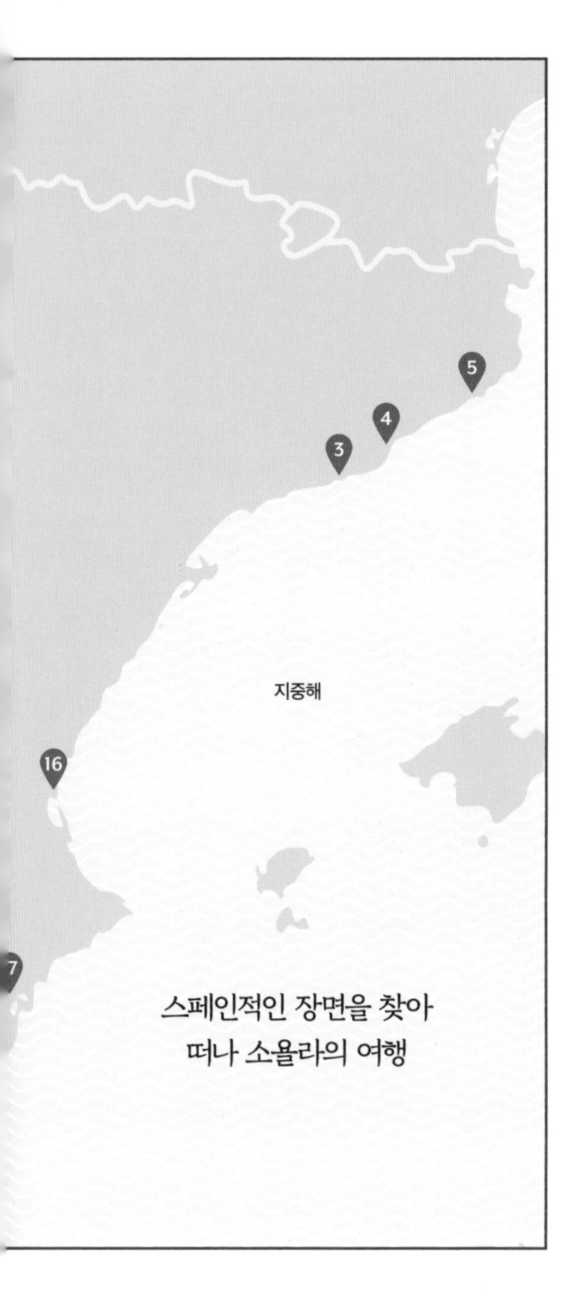

하나로 꼽았다. 길핀에게 자연이란 예술은 물론이고 실생활에서도 더 아름답게 보이도록 개선될 수 있고, 실제로 개선되어야 하는 대상이었다. 그는 폐허가 된 틴턴 수도원의 삼각 지붕(지붕의 경사진 두 면이 만나 형성되는 삼각형 부분) 끝에 신중하게 망치질을 하면 풍경을 개선할 수 있다고 제안한 것으로 유명하다.

스페인을 사실적으로 담아내고자 했던 소욜라에게는 여러 가지 인위적인 요소와 엄청난 노력이 필요했다. 화가는 이 프로젝트에 거의 10년을 투자해야 했고, 최종 작품이 완성된 1919년까지 다른 작업을 할 시간을 거의 갖지 못했다. 이 기간 동안 그는 아야몬테에서 발레 데 안소까지, 카탈루냐에서 지푸스코아까지 스페인 전역을 여행했다.

이 연작을 완성하기 위해 선택한 방식 때문에 소욜라의 일정은 더욱 혹독해졌다. 그는 종종 그림에 적합한 주제나 인물을 찾기 위해 몇 주 동안 여행을 하기도 했다. 예를 들어 1912년 3월, 그는 톨레도의 오로페사에 갔지만 눈에 띄는 것을 찾지 못한 채 빈손으로 돌아올 수밖에 없었다. 이처럼 프로젝트 초기 몇 년 동안 수많은 연구를 했으나 상당수가 나중에 폐기되었다. 카스티야와 레온의 자모라로 가서는 몇 개의 깃발만 그릴 수 있었을 뿐이다. 타구스 강가의 역사적인 도시 탈라베라 데 라 레이나의 전경을 담는 작업은 그의 진을 빼버렸다. 시간이 흐르면서 작업 기한이 촉박해졌음을 깨달은 소욜라는 빠른 속도로 가능한 한 많은 그림을 현장에서 완성하기로 결심했다. 때로는 사진을 바탕으로 작업하거나, 전통적인 역사화의 제작 방식을 차용해 자원 봉사자를 찾거나 현지 의상을 입고 연극적인 포즈를 취해 줄 모델을 고용하기도 했다. 이 때문에 라 푸엔테 데 산 에스테반 근처인 엘 빌라르 데 로스 알라모스에서 소욜라를 맞이한 페레스-타베르네로 가문의 사람들은 그를 위해 기사단원 복장을 입어야 했다.

계절과 날씨도 소욜라의 시름을 더해주었다. 알리칸테의 엘체에서 대추를 수확하는 장면은 수확할 작물이 없는 10월에 작업해야 했기에 꾸며내서 그릴 수밖에 없었다. 1917년 1월 세비야로 가서 메리다, 카세레스, 플라센시아를 방문했을 때는 추운 날씨로 인해 아예 그림 그릴 생각을 접어야 했다.

〈스페인 지방들〉 연작은 소욜라의 가장 야심 찬 작품인 〈카스티야, 빵 축제〉로 시작된다. 몇 가지 사전 조사를 바탕으로 제작된 이 작품에는 빵을 든 음악가와 소녀들이 이끄는 레온 사람들의 행렬 그리고 축제용 뉴카스티야 의상을 입은 라가르데라 출신 그룹이 환호하는 퍼레이드가 담겨 있다. '샌드맨' 셰리 와인과 포트 와인 병의 레이블에서 많이 본 모자와 망토 또한 여럿 보인다. 그림의 다른 부분에는 밀가루를 가득 실은 수레가 있는 곡물 시장이 그려져 있으며, 배경에 그려진 눈 덮인 과다라마 산맥과 톨레도 대성당의 탑이 지리적 사실성을 더한다.

나바르 지역과 관련해서는, 수세기 전 프랑스 목축업자로부터 목초지 임대료를 징수하기 위해 시작된 의식에 참여 중인 피레네 계곡의 론칼 마을 시장(의식용 예복을 입은 고용된 모델이었다)을 그렸다.

피레네 산맥의 봉우리를 배경으로 그려진 아라곤은 호타 춤을 추는 쾌활하고 소박한 사람들, 긴 치마를 입은 여성들, 잘 익은 곡식단으로 가득 찬 타작 마당으로 표현되었다. 이 인물들은 그가 마드리드에 있는 스튜디오에서 안소 출신의 할머니와 손녀를 그린 초창기 습작

▲ 스페인, 안달루시아,
그라나다의 알함브라 궁전

을 바탕으로 한 것이다.

카탈루냐를 상징하는 장소는 어시장으로, 지역 경찰이 쳐다보고 있다. 소욜라는 카탈루냐 그림을 그리기 위해 처음에는 바르셀로나로 가서 해안을 따라 시체스까지 갔지만 이 도시는 그의 관심을 끌지 못했다. 2주 후 그는 완벽한 장소인 료렛 데 마르의 산타 크리스티나를 발견했다.

소욜라가 태어난 곳이자, 1881년까지 일하고 공부했던 발렌시아는 또 다른 축제 행렬과 함께 축하 분위기로 가득하다. 이 그림에는 오렌지 가지를 든 남자, 조랑말을 탄 소녀, 도시의 수호신인 비 르겐 데 데삼파라도스(버림받은 자의 성모)의 캐노피 동상이 등장한다.

스페인 남부에 걸쳐 있는 안달루시아 지역은 다섯 개의 캔버스에 나뉘어 표현되었다. 그중에는 세비야의 유명한 마에스트란자 투우장을 그린 그림도 있었다. 또 다른 그림은 카디스 만의 바다에서 어부들로부터 신선한 생선을 공급받는 아야몬테의 참치 시장을 묘사하고 있다. 소욜라는 몇 주 동안 우엘바 해안을 돌아다니다가 결국 포르투갈 국경에 있는 아야몬테에 도착했다.

소욜라가 엑스트레마두라에 바친 찬사의 주제 역시 음식이었다. 플라센시아를 그린 작품에서 앞치마를 두른 남성과 보닛을 쓴 여성은 토종 회색 흑돼지가 판매되는 돼지 시장에 나와 있다. 연작의 마지막 캔버스는 대서양과 칸타브리아 해 사이의 습한 북쪽 지역인 갈리시아를 나타낸다. 비가 많이 내리지만 소의 사료가 풍부한 이 지역의 우시장에는 팔려가기를 기다리는 소들이 모여 있고, 한 남자가 토속 백파이프를 연주하며 흥겨운 분위기를 더한다.

모든 연작 작업을 마치고 육체적, 정신적 고된 노동에 완전히 지친 소욜라는 마드리드의 집으로 돌아갔다. 그리고 모네처럼 정원을 만들어 짧은 여생 동안 정원을 소재로 한 그림을 그렸다. 1920년 6월, 그는 뇌졸중으로 인해 그림을 그릴 수 없게 되었고 3년 후 세상을 떠났다. 소욜라의 이름을 딴 미국 히스패닉 소사이어티의 공공 갤러리는 1926년 문을 열었으며, 그곳에 〈스페인 지방들〉 연작이 전시되어 있다. 놀랍도록 혁신적인 화가였음에도 불구하고 소욜라는 떠오르는 아방가르드에 대해 냉담한 태도를 보였던 탓에, 안타깝게도 다소 구시대적인 인물로 여겨지게 되었다. 1차 세계대전 이후 모더니즘은 세계를 재창조한다며 소욜라(그리고 서전트) 같은 화가를 한동안 제쳐두었지만, 작가가 큰 대가를 치른 〈스페인 지방들〉은 스페인 회화의 상징으로 여겨지게 되었다.

◀ ***호타, 아라곤***, 1914

▼ 1912년, 스페인 살라망카에서 작업 중인 소욜라

J.M.W. 터너,
마지막 스위스 여행을 떠나다

J.M.W. Turner, 1775~1851

오슨 웰스는 영화 〈제3의 남자〉에서 애드리브로 유명해진 대사를 통해 '스위스는 서양 문명에 기여한 것이 뻐꾸기 시계뿐일 정도로 지루한 곳'이라고 비판했다. 기억에 남는 명언이 종종 그렇듯, 웰스의 발언은 사실 틀린 것이다. 문제의 시계는 바이에른에서 처음 발명된 것이기 때문이다. 더군다나 만약 18세기 말과 19세기 초의 시인, 작가, 화가, 탐험가, 스포츠맨들에게 웰스의 발언을 들려준다면 놀랍도록 의아해할 것이 확실하다. 스위스를 둘도 없는 지상 천국으로 여겼던 그들에게 알프스의 빙하와 산세, 고산 지대는 지구상에서 가장 신비롭고 스릴 넘치는 풍경 중 하나였기 때문이다. 미술사학자 앤드류 윌슨이 언급한 대로 1786년의 첫 몽블랑 등반은 당시에는 달 착륙만큼이나 경이로운 일로 여겨졌다. 낭만주의의 개념을 구체화하는 데 기여한 영국의 비평가이자 극작가, 정치가인 조셉 애디슨이 언급했던, 숭고한 자연의 '기분 좋은 공포'가 바로 그곳에 있었기 때문이다.

영국에서 이 예술 운동의 선봉에 섰던 호반의 시인 윌리엄 워즈워스는 1790년 스위스 여행을 떠났다. 그곳에서 본 광경에 압도된 워즈워스는 그 경험을 초월적인 용어로 묘사했다. 그는 여동생 도로시에게 보낸 편지에서 "알프스의 끔찍한 풍경 속에서 사람이나 피조물이라고는 하나도 생각나지 않았고, 내 영혼 전체는 끔찍한 장엄함을 연출하신 그분께로 향했다."라고 말했다.

프랑스 혁명과 뒤이은 나폴레옹 전쟁으로 인해 1793년에서 1815년 사이, 유럽 대륙은 영국 여행객의 손이 닿지 않는 곳이 되었다. 하지만 1802년에 체결된 아미앵 평화 조약으로 인해 약 1년 미만의 영불 간 휴전기가 생기면서 그 기간 동안 영국인들은 유럽을, 유럽인들은 영국을 방문할 수 있는 짧은 기회를 얻게 되었다. 예술적 소양이 있는 사람들에게는 보나파르트가 이탈리아 등지에서 훔쳐온 방대한 걸작 컬렉션이 공개 전시된 파리 루브르 박물관을 돌아볼 기회도 주어졌다. 그해 여름과 가을, 수백 명이 해협을 건너기 위해 기회를 엿보았다. 영국의 화가 J.M.W. 터너도 그중 한 명이었다.

스물일곱 살의 터너는 얼마 전 왕립 아카데미의 정회원으로 선출된 역대 최연소 화가였다. 칼레로 향하는 첫 번째 배에 탑승한 그는 유럽 대륙의 모든 것을 기록하고 싶었다. 실제로 프랑스 땅을 밟는 순간부터 스케치를 시작하여, 여행 내내 그림으로 공책을 가득 채웠다.

터너는 이 유럽 여행에서 스위스를 꼭 가보고 싶어

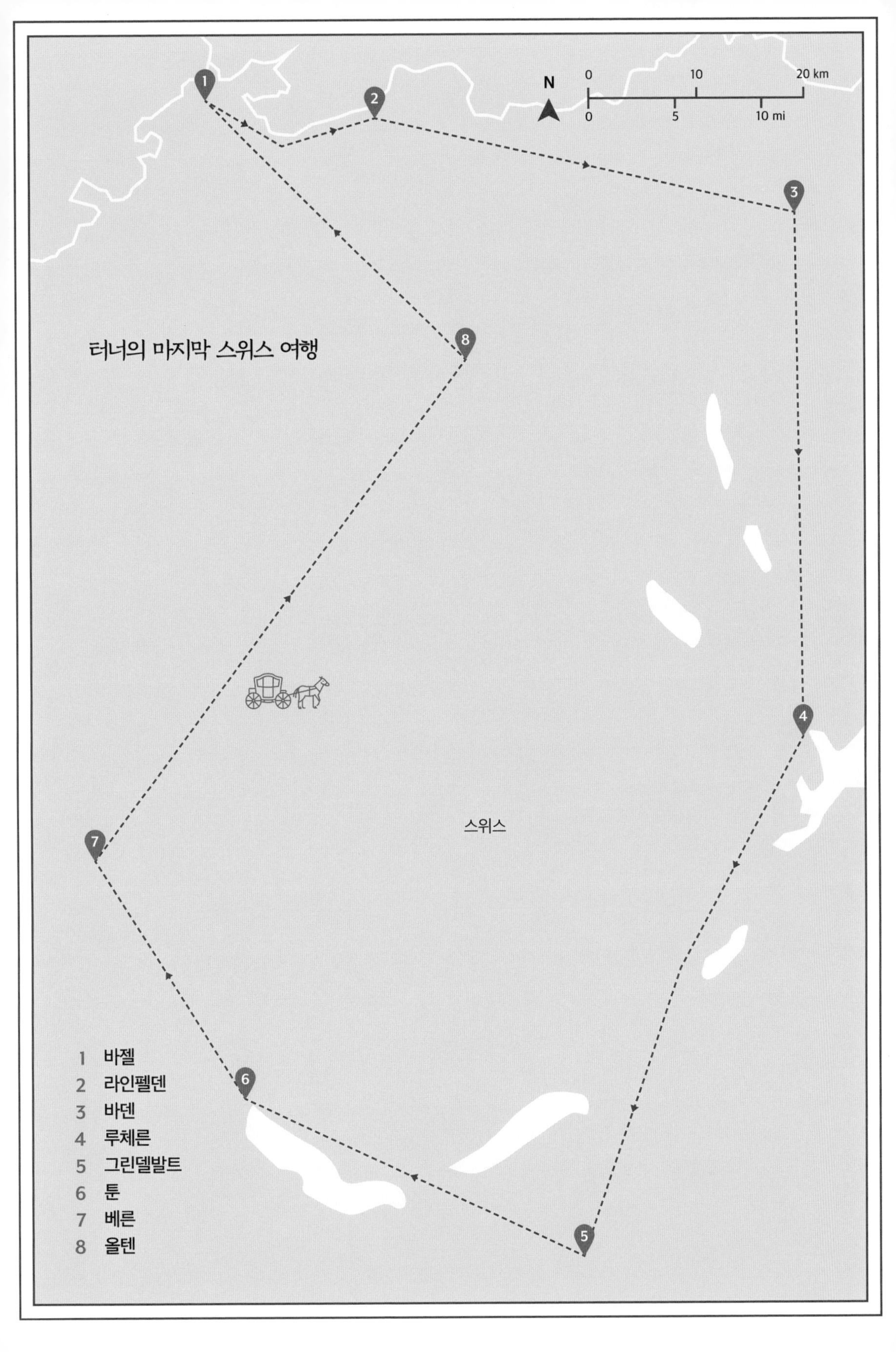
N
0
10
20 km
0
5
10 mi
터너의 마지막 스위스 여행
스위스
1 바젤
2 라인펠덴
3 바덴
4 루체른
5 그린델발트
6 툰
7 베른
8 올텐

했는데, 그간 18번 이상 대륙 여행을 했음에도 스위스는 처음이었기 때문이다. 파리와 루브르 박물관을 충실히 관람한 터너는 서둘러 프랑스 남동부의 도피네와 사보이를 거쳐 알프스로 향했다. 터너는 알프스에서 주민들의 전통 복장과 험준한 지형, 저지대의 호수에 매료되었다. 그는 400여 점의 현지 풍경을 그리며 시골 생활의 단면과 산, 성, 종탑, 망루 등의 풍경을 기록했다. 이후 터너가 스위스를 다시 방문하기까지는 34년이 걸렸지만, 1812년에 처음 전시된 〈눈 폭풍–한니발과 그의 군대가 알프스를 넘다〉를 비롯한 많은 작품들은 당시의 이미지를 바탕으로 그린 것이다.

저명한 터너 연구자 앤드류 윌튼에 따르면, 오스트리아에서 사보이에 이르는 스위스와 알프스 지역은 터너에게 점점 더 중요한 지역이 되었다. 예를 들어, 산의 여왕이라 불리는 슈비츠 알프스의 리기 산은 그가 말년에 반복적으로 그렸던 주제 중 하나였다. 그런데 사실 그즈음 터너가 스위스를 여행지로 선택한 데는 미학적 이유뿐 아니라 노화의 문제도 있었다. 1840년 이후 화가는 이탈리아로 가는 긴 여정을 더 이상 육체적으로 견딜 수 없게 되었던 것이다. 스위스의 빛과 공기, 지형은 그의 성숙한 상상력을 자극했고, 스위스의 스파 리조트는 노화와 관련된 병증을 완화해 주었다. 터너는 건강이 허락하는 한 스위스로 돌아갈 것을 고집하며 1841년부터 1844년까지 매년 스위스를 방문했고, 이후 한 차례 더 해외여행을 떠날 수 있었다. 1851년 12월 콜레라에 걸려 결국 세상을 떠날 때까지, 터너는 마지막 6년을 런던에서 다소 초라하게 보내야 했다.

1844년 봉우리와 호수의 땅으로 마지막 항해를 떠났을 때 터너의 나이는 69세였다. 터너의 첫 스위스 방문 이후 수십 년 동안 스위스는 (미국 시인이자 의사인 올리버 웬델 홈즈의 표현에 따르면) '유럽을 여행하는 사람들, 특히 영국인들이 터무니없이 많이 몰려드는 곳'이 되었다. 터너가 〈비, 증기, 속도 – 대서양 철도〉(불과 몇 달 전에 왕립 아카데미에 처음 전시된 그림이었다)에서 그 발전상을 기록한 철도가 관광객과 등산객들에게 개방되기 시작했고, 그렇게 찾아온 사람들 중 상당수는 영국인들이었던 것이다. 화가는 이러한 변화를 최대한 활용하여 기차로 이동하며 관광객의 요구를 충족시켜주는 호텔에 묵었다. 당시 유럽 대륙을 방문한 많은 영국인들과 마찬가지로 터너는 매우 사적이고, 고독을 즐겼으며, 약간 괴팍한 성격으로 영어만 사용했다. 그의 스케치북에는 프랑스어, 독일어, 이탈리아어로 몇몇 문구가 적혀 있기는 하지만, 그의 외국어 어휘가 이보다 훨씬 더 확장되었는지는 의심스럽다.

한편, 여행지와 선상에서 화가의 동선은 소극적이었는 데다 서면 기록 또한 드물어 그의 여행 전 과정을 도표화하기는 어렵다. 그러나 학자들은 그의 스케치북과, 아직 남아 있는 몇 안 되는 공식 문서를 바탕으로 그의 마지막 스위스 방문 여정을 특정 단계별로 정리했다. 예를 들어, 네카 강을 끼고 있는 독일 하이델베르크에 도착한 손님들의 기록을 보면 1844년 8월 24일 토요일에 왕립학회 회원인 터너와 조지 포우네스가 옥수수 시장에 있는 프린츠 칼 호텔에 체크인한 것으로 확인된다. 미술사학자 프루 비숍은 당시 〈베데커 가이드〉가 프린츠 칼 호텔을 도시에서 가장 훌륭한 호텔이자 가장 비싼 호텔이라고 평가했다고 기록한다. 4년 전, 터너는 같은 장소에서 옥수수 시장과 하이델베르크의 성을 스케치한 바 있으며, 다시 이 랜드마크를 그리고 네카 강에 대한 추가 연구를 마친 바 있다.

◀ 스위스, 그린델발트

비숍에 따르면, 포우네스는 터너의 동료이자 여행 동반자였을 것이다. 하지만 화가는 8월 26일 월요일 이른 아침 하이델베르크를 떠나 스트라스부르그에서 라인 강 반대편에 있는 작은 마을 켈로 가는 기차를 타고 나 홀로 여행을 계속한 것으로 보인다. 터너는 한 시간 동안 배를 타고 강을 건너 알자스 수도로 들어갔다가, 그날 오후 다시 기차를 타고 스트라스부르에서 바젤 외곽의 스위스 국경으로 향했다. 세관을 통과한 그는 그날 저녁 도시로 들어와 머레이의 《스위스 여행자를 위한 핸드북: 1838년 사보이 알프스와 피에몬테》에서 영국 방문객들에게 추천한 호텔 드 라 테트 도르에 체크인했다.

바젤에서 하루를 보낸 터너는 다시 한번 이동을 시작했고, 이번에는 말을 타고 라인펠덴으로 향했다. 라인펠덴에 머무는 시간은 라인 강을 가로지르는 다리를 스케치하기에 충분했고, 이후에는 바덴으로 계속 이동하여 온천을 즐길 계획이었다. 바덴의 온천은 로마 시대부터 치료제로 여겨졌지만 터너가 방문했을 무렵에는 통풍에 시달리던 유럽의 귀족과 병든 엘리트들이 점점 더 선호하는 여행지가 되어 있었다. 터너는 8월 28일 수요일 바덴에 도착했다. 이번에도 그의 숙소는 특별했다. 머레이의 핸드북은 바덴의 11개 주요 장소 중 터너가 일주일 간 동안 묵기로 한 호텔 스타드호프를 최고로 꼽았다.

리마트 강변에 위치한 바덴의 서쪽에는 과거 합스부르크 가문의 요새였으나 현재는 폐허가 된 슈타인 성이 언덕 위로 높이 솟아 있다. 세련된 스파인 그로스 바더(대욕장)는 강 왼쪽 강둑에 위치하고 있었는데, 머레이의 핸드북에 따르면 '하층민'이 자주 찾는다고 경고

▼ *툰의 호수*, 1844

한 에넷 바덴은 반대편 강둑에 자리 잡고 있었다. 개인 치료에 관한 한 터너는 대욕탕을 고집했을 가능성이 높다. 터너는 1802년에 처음 방문했던 바덴의 북쪽 전망대에서 바라본 도시 풍경을 연작으로 그렸다. 도시 속 스위스 개혁 교회의 첨탑은 이 특별한 작품에서 눈에 띄는 특징이다.

바덴을 지나 터너는 1841년 이전에 스케치했던 성당이 있는 루체른으로 향했다. 이때부터 터너는 악천후로 인해 여행 계획을 수정할 수밖에 없었다. 터너가 남긴 이후의 스케치를 통해 비숍은 '브루니히 고개와 그로스 샤이데그 고개를 넘어 그린델발트까지 갔다가 툰 호수와 베른을 경유해 스위스 북부로 돌아가는' 새로운 경로를 유추해 냈다. 집으로 돌아가는 길은 바젤과 스트라스부르그를 경유하는 코스였는데, 도중에 들린 오르부르그 근처의 아름다운 소도시 올텐은 터너에게 예술적 영감을 불러일으킨 또 다른 장소였다.

터너는 마지막 스위스 여행 후 다시 한번 영국을 떠날 수 있었는데, 아쉽게도 프랑스 북부 해안을 넘어 멀리까지 여행할 수는 없었다. 터너는 생애 거의 마지막 해까지 계속해서 그림을 그렸다. 월튼이 언급한 대로 스위스는 끊임없이 그에게 영감을 주었고, 화가는 스위스 여행에서 본 장면을 수채화나 스케치로 다시 작업하곤 했다.

◀ 스위스, 툰

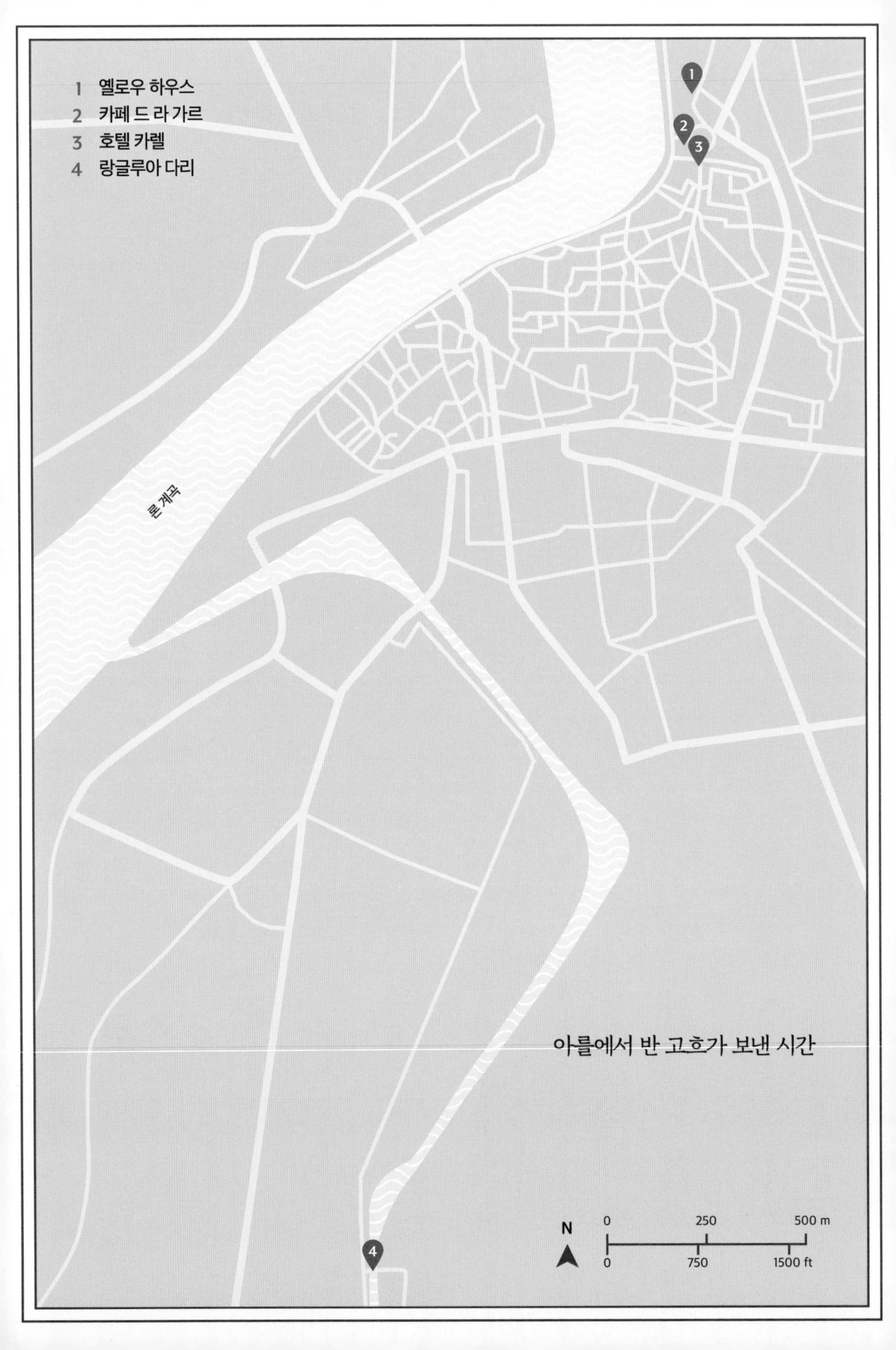
1 옐로우 하우스
2 카페 드 라 가르
3 호텔 카렐
4 랑글루아 다리
론 계곡
아를에서 반 고흐가 보낸 시간
N
0
250
500 m
0
750
1500 ft

반 고흐, 프로방스에서 긴 시간을 보내다

Vincent van Gogh, 1853~1890

프랑스 남부의 프로방스 아를은 네덜란드 화가 빈센트 반 고흐가 절망적인 운명의 주사위를 마지막으로 던졌던 곳이다. 1888년, 화가는 그곳에 일종의 예술인 마을을 세우는 데 모든 희망을 걸고 있었다. 그는 같은 생각을 가진 영혼들이 모여 지중해의 햇살을 받으며 따뜻하게 지낼 수 있는 지역, 동시에 지난 2년간 활동했던 파리의 카페와는 거리가 먼 장소를 원했다. 어쩌면 그곳에서 완전히 새로운 예술 운동이 탄생하게 될지도 모를 일이었다.

이러한 꿈을 품은 채 고흐는 2월 19일, 추운 파리에서 남쪽으로 향하는 기차에 몸을 실었다. 15시간 후 아를 역에서 내린 반 고흐는 더욱 차가운 공기를 맞았다. 론 계곡은 1860년 이후 가장 추운 2월을 견뎌내고 있었다. 반 고흐는 짐을 들고 눈발이 흩날리는 길을 헤쳐서 라 카발리에 거리에 있는 호텔 카렐에 도착했다. 현금이 부족했던 반 고흐에게 하룻밤에 5프랑이라고 하는 호텔 청구서는 반 고흐와 호텔 운영자 사이에 논쟁의 대상이 되었다. 호텔 측이 바가지를 씌웠다고 확신한 반 고흐는 이 문제를 중재인에게 가져갔고, 결국 호텔 측은 총 금액에서 12프랑을 깎아주기로 합의했다. 하지만 이는 상처뿐인 승리였다. 예술가와 호텔 측의 관계는 악화되었고 얼마 지나지 않아 호텔을 떠나기로 결정한 반 고흐는 카페 드 라 가르에서 하룻밤에 1.5프랑짜리 방을 구해 비교적 호의적이었던 조셉, 마리 지누와 함께 지내게 된다.

이 모든 비용은 반 고흐의 충직하고도 인내심 많은 동생 테오가 대준 것이었다. 테오는 1888년 3월부터 1889년 4월까지 빈센트에게 편지나 전보, 우편 주문으로 캔버스 롤, 물감, 기타 잡화와 함께 약 2,300프랑을 보냈다. 테오의 돈 덕분에 반 고흐는 1889년 5월, 집이자 작업실로 사용할 라마르틴 2번지 외곽의 옐로우 하우스로 이사할 수 있었다. 그해 10월, 반 고흐는 폴 고갱과 함께 그곳에 입주하게 되었는데, 테오는 고갱에게 집세 대신 한 달에 두 점의 캔버스 작품을 받기로 동의했다.

원래 고갱은 파리 증권거래소에서 약 2만 3천 프랑의 연봉을 받으면서 열정적인 아마추어 화가로 활동했다. 그러다 1881년 금융 공황의 여파로 일자리를 잃고 나서는 직업 화가로 새로운 삶을 살기로 결심한다. 하지만 아를에서의 생활은 시작이 좋았던 것과는 달리 날이 갈수록 극적으로 악화되었고, 불과 9주 만에 반 고흐는 면도칼로 고갱을 위협하다 자신의 왼쪽 귀를 잘라버리기에 이른다. 반 고흐는 자신의 잘린 귀를 부달 거리의 매춘부 가브리엘 베를라티에에게 선물로 주었다. (두 예술가가 자주 찾았던 매춘 업소의 앞 응접실은 반 고흐의 불후의 명작 중 하나로 남아있다.) 한편 고갱은 고흐의 그림 속에 등장하는 플라스 드 포럼의 카페테라스에서 멀지 않은 호텔 테보로 피신했다. 1889년 2월, 다시 쇠약

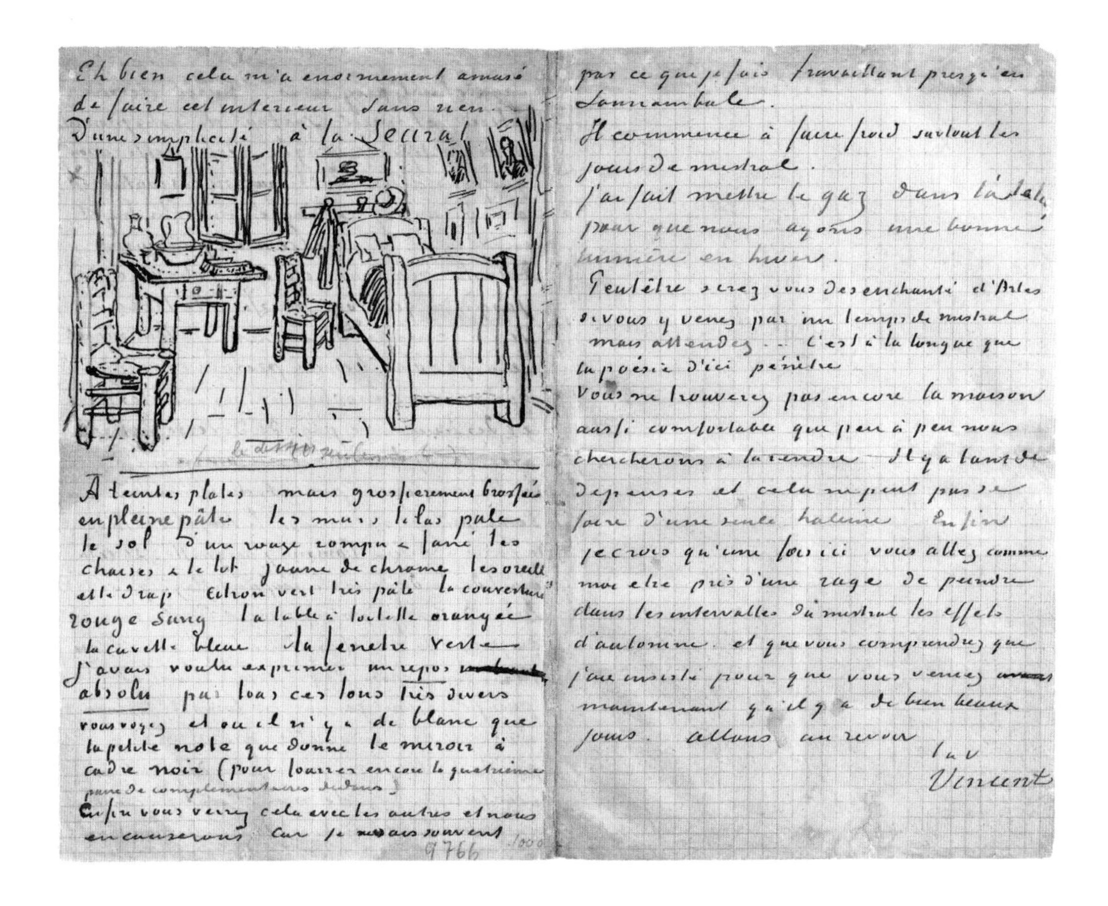

Eh bien cela m'a énormément amusé de faire cet intérieur sans rien. D'une simplicité à la Seurat

À teintes plates mais grossièrement brossées en pleine pâte les murs lilas pâle le sol d'un rouge rompu et fané les chaises et le lit jaune de chrome les oreillers et le drap citron vert très pâle la couverture rouge sang la table à toilette orangée la cuvette bleue la fenêtre verte. J'avais voulu exprimer un repos absolu par tous ces tons très divers vous voyez et où il n'y a de blanc que la petite note que donne le miroir à cadre noir (pour fourrer encore la quatrième paire de complémentaires dedans.) Enfin vous verrez cela avec les autres et nous en causerons car je ne sais souvent par ce que je fais travaillant presqu'en somnambule.

Il commence à faire froid surtout les jours de mistral.

J'ai fait mettre le gaz dans l'atelier pour que nous ayons une bonne lumière en hiver.

Peut-être serez vous désenchanté d'Arles si vous y venez par un temps de mistral mais attendez... C'est à la longue que la poésie d'ici pénètre.

Vous ne trouverez pas encore la maison aussi confortable que peu à peu nous chercherons à la rendre. Il y a tant de dépenses et cela ne peut pas se faire d'une seule haleine. Enfin je crois qu'une fois ici vous allez comme moi être pris d'une rage de peindre dans les intervalles du mistral les effets d'automne et que vous comprendrez que j'ai insisté pour que vous venez maintenant qu'il y a de bien beaux jours. Allons au revoir

t. à v.

Vincent

해진 반 고흐는 결국 1889년 5월 8일 생레미 정신병원에 자진 입소한다.

서리가 녹고 광기가 시작되기 전 아를에서 반 고흐는 가장 생산성이 높았던 시기를 보냈다. 프로방스 사투리를 알아듣지 못하고, 현지 식당에 '정말 진한 수프'와 마카로니가 없다는 사실에 절망하고, 아를을 '낡고 오래된 거리가 있는 지저분한 도시'라고 비난하는 등 고립감과 외로움을 자주 느꼈지만 그는 도착 직후부터 그림을 그리기 시작했다. 그의 첫 번째 그림인 〈눈이 내리는 풍경〉은 도착한 지 며칠 만에 완성되었다. 이 그림에는 눈이 녹아서 갈색과 노란색, 초록색이 뒤섞인 땅바닥이 드러난 들판 위를 개와 함께 걷고 있는 인물이 그려져 있다. 반 고흐와 아를의 관계는 계절에 따라 따뜻해지기도 하고, 겨울이 시작되면서 악화되기도 했다.

네덜란드의 에텐, 헤이그, 드렌테, 누에넨과 브뤼셀, 런던, 파리 등 회색빛 도시를 여행한 후 만난 프로방스 태양의 빛나는 힘, 시골의 색채와 생동감은 반 고흐에게 활력을 불어넣어 주었다. 일본 판화를 모델로 삼아 제작된 〈분홍 복숭아나무〉와 〈꽃이 만발한 과수원(살구나무)〉과 같은 그림은 봄꽃의 도래를 기록한 것이다. 계절이 바뀌면서 그는 농경의 해에 맞춰 '여름'과 '수확'을

◀ 프랑스, 아를

▲ 아를에서 고갱에게 보낸 편지, 1888년 10월 17일 수요일

주제로 한 연작을 제작했다. 그는 건초 더미, 꽃이 만발한 초원, 옥수수 밭으로 캔버스를 가득 채웠다. 〈석양의 씨 뿌리는 사람〉은 '땡볕이 내리쬐는 옥수수발 사이'에서 일주일 동안 작업한 작품이다. 반 고흐는 크라우 평야의 풍경과 폐허가 된 몽마주르 수도원, 랑글루아 다리(〈마차가 있는 도개교〉와 〈파라솔을 든 여인이 있는 도개교〉) 같은 지역의 랜드마크는 물론 정육점, 카페, 매춘업소 등을 그린 그림도 제작했다. 또한 풍파에 지친 여성 농민, 우편물을 찾고 편지를 보내면서 가장 긴 대화를 나눈 우체국 직원 조셉 룰랭 등 아를 지역 주민들의 초상화도 그렸으며, 지중해의 생트 마리 드 라 메르로 여행을 떠났을 때 만난 바다 풍경도 화폭에 담았다. 그 무엇도 고흐에게서 흘러나오는 창작의 물길을 막을 수 없는 것처럼 보였다. 그리고 모든 좋은 시절이 그렇듯, 그 시간도 곧 끝이 났다.

만약 아를이 존재하지 않았다면 반 고흐는 해바라기를 그리지 못했을지도 모른다. 그가 파리에 있을 때 시도한 초기의 해바라기는 작열하는 남쪽의 태양을 경험한 후 완성한 작품에 비하면 시들할 따름이다.

▶ *아를 근처에서 꽃 피운 복숭아 나무*, 1889

주요 참고문헌 : 전기와 자서전

이 책은 수많은 다른 책과 글에 막대한 빚을 지고 있습니다. 이 엄선된 참고 문헌이 더 많은 것을 알고자 하는 사람들에게 올바른 방향을 제시해 줄 수 있기를 바랍니다.

장 미셸 바스키아

Basquiat, Jean-Michel, *The Notebooks*, ed. Larry Warsh (Princeton University Press, 2015).

Buchhart, Dieter, Eleanor Nairne and Lotte Johnson, eds, *Basquiat: Boom for Real* (Prestel, in association with Barbican Art Gallery, 2017).

Clement, Jennifer, *Widow Basquiat: A Memoir* (Canongate, 2014).

Lurie, John, *The History of Bones: A Memoir* (Random House, 2021).

카라바조

Graham-Dixon, Andrew, *Caravaggio: A Life Sacred and Profane* (Allen Lane, 2010).

Hinks, R.P., *Michelangelo Merisi da Caravaggio: His Life, His Legend, His Works* (Faber, 1953).

Langdon, Helen, *Caravaggio: A Life* (Chatto and Windus, 1998).

Robb, Peter, *M* (Bloomsbury, 2000).

Sciberras, Keith, and David Stone, *Caravaggio: Art, Knighthood, and Malta* (Midsea Books, 2006).

Zuffi, Stefano, *Caravaggio: Masters of Art* (Prestel, 2012).

메리 카사트

Curie, Pierre, and Nancy Mowll Mathews, eds, *Mary Cassatt: An American Impressionist in Paris* (Yale University Press, 2018).

Garb, Tamar, *Women Impressionists* (Phaidon, 1986).

Lucie-Smith, Edward, *Impressionist Women* (Weidenfeld and Nicolson, 1989).

Mathews, Nancy Mowll, *Mary Cassatt* (Abrams, in association with the National Museum of American Art, Smithsonian Institution, 1987).

Pollock, Griselda, *Mary Cassatt: Painter of Modern Women* (Thames and Hudson, 1998).

폴 세잔

Andersen, Wayne, *The Youth of Cézanne and Zola: Notoriety at Its Source: Art and Literature in Paris* (Éditions Fabriart, 2003).

Athanassoglou-Kallmyer, Nina Maria, *Cézanne and Provence: The Painter in His Culture* (University of Chicago Press, 2003).

Conisbee, Philip and Denis Coutagne, *Cézanne in Provence* (Yale University Press, 2006).

Danchev, Alex, *Cezanne: A Life* (Profile Books, 2012).

Hanson, Lawrence, *Mountain of Victory: A Biography of Paul Cézanne* (Secker and Warburg, 1960).

Mack, Gerstle, *Paul Cézanne* (Jonathan Cape, 1935).

Perruchot, Henri, *Cézanne* (Perpetua Books, 1961).

살바도르 달리

Dalí in New York, film, directed by Jack Bond (1965).

Dalí, Salvador, *The Secret Life of Salvador Dalí*, trans. Haakon M. Chevalier (Vision, 1976).

Etherington-Smith, Meredith, *Dalí: A Biography* (Sinclair-Stevenson, 1992).

Gibson, Ian, *The Shameful Life of Salvador Dalí* (Faber, 1997).

마르셀 뒤샹

Brandon, Ruth, *Spellbound by Marcel: Duchamp, Love, and Art* (Pegasus Books, 2022).

Fiala, Vlastimil, *The Chess Biography of Marcel Duchamp* (Moravian Chess, 2002).

Kuenzli, Rudolf E., and Francis M. Naumann, *Marcel Duchamp: Artist of the Century* (MIT Press, 1990).

Naumann, Francis M., Bradley Bailey and Jennifer Shahade, *Marcel Duchamp: The Art of Chess* (Readymade Press, 2009).

Tomkins, Calvin, *Duchamp: A Biography* (Chatto and Windus, 1997).

알브레히트 뒤러

Ashcroft, Jeffrey, *Albrecht Dürer: A Documentary Biography* (Yale University Press, 2017).

Conway, William Martin, *Albrecht Dürer: His Life and a Selection of His Works/with Explanatory Comments on the Various Plates by Dr Friedrich Nüchter*, trans. Lucy D. Williams (Ernst Frommann and Sohn, 1928).

Dürer, Albrecht, *Records of Journeys to Venice and the Low Countries*, ed. Roger Fry, trans. Rudolf Tombo (Merrymount Press, 1913).

Hoare, Philip, *Albert and the Whale* (Fourth Estate, 2021).

Wolf, Norbert, *Albrecht Dürer* (Prestel, London, 2019).

헬렌 프랭켄탈러

Gabriel, Mary, *Ninth Street Women: Lee Krasner, Elaine de Kooning, Grace Hartigan, Joan Mitchell, and Helen Frankenthaler: Five Painters and the Movement That Changed Modern Art* (Little, Brown, 2018).

Nemerov, Alexander, *Fierce Poise: Helen Frankenthaler and 1950s New York* (Penguin Books, 2021).

Rose, Barbara, *Frankenthaler* (Harry N. Abrams, 1971).

Wilson, Reuel K., *To the Life of the Silver Harbor: Edmund Wilson and Mary McCarthy on Cape Cod* (University Press of New England, 2008).

카스파르 데이비드 프리드리히

Asvarishch, Boris, Vincent Boele and Femke Foppema, *Caspar David Friedrich and the German Romantic Landscape* (Lund Humphries, 2008).

Borsch-Supan, Helmut, *Caspar David Friedrich* (Thames and Hudson, 1974).

Grave, Johannes, *Caspar David Friedrich* (Prestel, 2012).

Hofmann, Werner, *Caspar David Friedrich* (Thames and Hudson, 2000).

Koerner, Joseph Leo, *Caspar David Friedrich and the Subject of Landscape* (Reaktion Books, 1990).

데이비드 호크니

Cusset, Catherine, *David Hockney: A Life*, trans. Teresa Lavender Fagan (Arcadia, 2020).

Starr, Kevin, and David L. Ulin, *Los Angeles: Portrait of a City*, ed. Jim Heimann (Taschen, 2009).

Sykes, Christopher Simon, *Hockney: The Biography* (Century, 2011).

Webb, Peter, *Portrait of David Hockney* (Chatto and Windus, 1988).

가쓰시카 호쿠사이

Bouquillard, Jocelyn, *Hokusai's Mount Fuji: The Complete Views in Color*, trans. Mark Getlein (Abrams, 2007).

Calza, Gian Carlo, *Hokusai* (Phaidon, 2003).

Guth, Christine M.E., *Hokusai's Great Wave: Biography of a Global Icon* (University of Hawai'i Press, 2015).

Narazaki, Muneshige, *Hokusai: The Thirty-six Views of Mt. Fuji*, trans. John Bester (Kodansha International, 1968).

토베 얀손

Jansson, Tove, *Sculptor's Daughter: A Childhood Memoir*, trans. Kingsley Hart (Sort of Books, 2013).

Jansson, Tove, and Tuulikki Pietila, *Notes from an Island*, trans. Thomas Teal (Sort of Books, 2021).

Karjalainen, Tuula, *Tove Jansson: Work and Love* (Particular Books, 2014).

Westin, Boel, *Tove Jansson: Life, Art, Words: The Authorised Biography* (Sort of Books, 2014).

프리다 칼로와 디에고 리베라

Alcántara, Isabel, and Sandra Egnolff, *Frida Kahlo and Diego Rivera* (Prestel, 1999).

Arteaga, Agustín, ed., *México 1900–1950: Diego Rivera, Frida Kahlo, José Clemente Orozco and the Avant-Garde* (Dallas Museum of Art, 2017).

Brand, Michael, et al., *Frida Kahlo, Diego Rivera and Twentieth-Century Mexican Art: The Jacques and Natasha Gelman Collection* (Museum of Contemporary Art, 2000).

Herrera, Hayden, *Frida: A Biography of Frida Kahlo* (Harper and Row, 1983).

Richmond, Robin, *Frida Kahlo in Mexico* (Pomegranate Artbooks, 1994).

Schaefer, Claudia, *Frida Kahlo: A Biography* (Greenwood/Harcourt Educational, 2009).

바실리 칸딘스키

Lindsay, Kenneth C., and Peter Vergo, eds, *Kandinsky: Complete Writings on Art* (De Capo, 1994).

Le Targat, François, *Kandinsky*, (Rizzoli, 1987).

Sers, Philippe, *Kandinsky: The Elements of Art*, trans. Jonathan P. Eburne (Thames and Hudson, 2016).

Turchin, Valery, *Kandinsky in Russia: Biographical Studies, Iconological Digressions, Documents* (The Society of Admirers of the Art of Wassily Kandinsky, 2005).

Weiss, Peg, *Kandinsky and Old Russia: The Artist as Ethnographer and Shaman* (Yale University Press, 1995).

알렉산더 케이링스

Brotton, Jerry, *The Sale of the Late King's Goods: Charles I and His Art Collection* (Pan Macmillan, 2007).

Shawe-Taylor, Desmond, and Per Rumberg, eds, *Charles I: King and Collector* (Royal Academy of Arts, 2018).

Townsend, Richard P., 'Alexander Keirincx's Royal Commission of 1639–1640', in Juliette Roding et al., *Dutch and Flemish Artists in Britain 1550–1800* (Primavera Press, 2003).

파울 클레

Baumgartner, Michael, et al., *The Journey to Tunisia, 1914: Paul Klee, August Macke, Louis Moilliet* (Hatje Cantz, 2014).

Benjamin, Roger, and Cristina Ashjian, *Kandinsky and Klee in Tunisia* (University of California Press, 2015).

Haxthausen, Charles Werner, *Paul Klee: The Formative Years* (Garland, 1981).

Klee, Paul, 'Diary of a Trip to Tunisia', in August Macke, *Tunisian Watercolors and Drawings: With Writings by August Macke, Günter Busch, Walter Holzhausen and Paul Klee* (Harry N. Abrams, 1959).

Wigal, Donald, *Paul Klee* (1879–1940) (Parkstone International, 2011).

구스타프 클림트

Dobai, Johannes, *Gustav Klimt: Landscapes*, trans. Ewald Osers (Weidenfeld and Nicolson, 1988).

Huemer, Christian, and Stephan Koja, *Gustav Klimt: Landscapes* (Prestel, 2002).

Rogoyska, Jane, and Patrick Bade, *Gustav Klimt* (Parkstone Press International, 2011).

Weidinger, Alfred, ed., *Gustav Klimt* (Prestel, 2007).

Whitford, Frank, *Klimt* (Thames and Hudson, 1990).

오스카 코코슈카

Bultmann, Bernard, *Oskar Kokoschka*, trans. Michael Bullock (Thames and Hudson, 1961).

Calvocoressi, Richard, *Oskar Kokoschka* (Tate Gallery, 1986).

Schmalenbach, Fritz, *Oskar Kokoschka*, trans. Violet M. Macdonald (Allen and Unwin, 1968).

Schröder, Klaus Albrecht, et al., eds, *Oskar Kokoschka*, trans. David Britt (Prestel, 1991).

앙리 마티스

Cowart, Jack, et al., *Matisse in Morocco: The Paintings and Drawings, 1912–1913* (Thames and Hudson, 1990).

Essers, Volkmar, *Henri Matisse, 1869–1954: Master of Colour* (Taschen, 2012).

Spurling, Hilary, *Matisse the Master: A Life of Henri Matisse: Conquest of Colour, 1909–1954* (Hamish Hamilton, 2005).

Stevens, Mary Anne, ed., *The Orientalists: Delacroix to Matisse: European Painters in North Africa and the Near East* (Royal Academy of Arts, in association with Weidenfeld and Nicolson, 1984).

클로드 모네

Assouline, Pierre, *Discovering Impressionism: The Life and Times of Paul Durand-Ruel* (Vendome Press, 2004).

Bowness, Alan, and Anthea Callen, *The Impressionists in London* (The Arts Council of Great Britain, 1973).

Cogniat, Raymond, *Monet and His World* (Thames and Hudson, 1966).

Corbeau-Parsons, Caroline, ed., *Impressionists in London: French Artists in Exile, 1870–1904*, (Tate Publishing, 2017).

Seiberling, Grace, *Monet in London* (University of Washington, 1988).

베르트 모리조

Garb, Tamar, *Women Impressionists* (Phaidon, 1986).

Higonnet, Anne, *Berthe Morisot: A Biography* (Collins, 1990).

Lucie-Smith, Edward, *Impressionist Women* (Weidenfeld and Nicolson, 1989).

에드바르드 뭉크

Bischoff, Ulrich, *Munch* (Thames and Hudson, 2019).

Bjerke, Øivind Storm, *Edvard Munch, Harald Sohlberg: Landscapes of the Mind*, trans. Francesca M. Nichols and Pat Shaw (National Academy of Design, 1995).

Hulse, Michael, *Edvard Munch* (Taschen, 1992).

Müller-Westermann, Iris, *Munch by Himself* (Royal Academy of Arts, 2005).

Ustvedt, Øystein, *Edvard Munch: An Inner Life*, trans. Alison McCullough (Thames and Hudson, 2020).

Vaizey, Marina, and Edward Lucie-Smith, *Edvard Munch: Life – Love – Death* (Cv Publications, 2012).

Wright, Barnaby, ed., *Edvard Munch; Masterpieces from Bergen* (Courtauld/Paul Holberton Publishing, 2022).

이사무 노구치

Ashton, Dore, *Noguchi East and West* (Knopf, 1992).

Herrera, Hayden, *Listening to Stone: The Art and Life of Isamu Noguchi* (Thames and Hudson, 2015).

Hunter, Sam, *Isamu Noguchi* (Thames and Hudson, 1979).

마리안 노스

North, Marianne, *A Vision of Eden: The Life and Work of Marianne North*, Graham Bateman ed., (The Royal Botanic Gardens, Kew, in association with Webb & Bower, 1980).

조지아 오키프

Bry Doris, and Nicholas Callaway, eds, *Georgia O'Keeffe: In the West* (Knopf, 1986).

Castro, Jan Garden, *The Art and Life of Georgia O'Keeffe* (Crown, 1985).

Corn, Wanda M., *Georgia O'Keeffe: Living Modern* (Prestel, in association with Brooklyn Museum, 2017).

Drohojowska-Philp, Hunter, *Full Bloom: The Art and Life of Georgia O'Keeffe* (W.W. Norton, 2004).

Lynes, Barabar Buhler, et al., *Georgia O'Keeffe and New Mexico: A Sense of Place* (Princeton University Press, 2004).

Roxana, Robinson, *Georgia O'Keeffe: A Life* (Bloomsbury, 2016).

Rubin, Susan Goldman, *Wideness and Wonder: The Life and Art of Georgia O'Keeffe* (Chronicle, 2010).

파블로 피카소

Andral, Jean-Louis, et al., eds, *M. Pablo's Holidays: Picasso in Antibes Juan-les-Pins 1920–1946* (Éditions Hazan, in association with Musée Picasso, 2018).

Anon., *Picasso in Provence: Catalogue of an Exhibition of Works, 1946–48*, with illustrations, (The Arts Council, 1950).

Richardson, John, *Picasso: The Mediterranean Years (1945–1962)* (Rizzoli, in association with Gagosian Gallery, 2010).

Richardson, John, *The Sorcerer's Apprentice: Picasso, Provence and Douglas Cooper* (Jonathan Cape, 1999).

Widmaier Picasso, Olivier, *Picasso: An Intimate Portrait*, trans. Mark Harvey (Tate Publishing, 2018).

존 싱어 사전트

Adelson, W., and E. Oustinoff, 'John Singer Sargent's Venice: On the Canals', in *The Magazine Antiques* (November 2006), 134–137.

Adelson, Warren, et al., *Sargent's Venice* (Yale University Press, 2006).

James, Henry, *Italian Hours* (Penguin, 1995).

Mount, Charles Merrill, *John Singer Sargent: A Biography* (Cresset Press, 1957).

Olson, Stanley, *John Singer Sargent: His Portrait* (Macmillan, 1986).

Ormond, Richard, and Elaine Kilmurry, *Sargent: The Watercolours* (Giles, in association with Dulwich Picture Gallery, 2017).

Robertson, Bruce, ed., *Sargent and Italy* (Princeton University Press, in association with Los Angeles County Museum of Art, 2003).

호아킨 소욜라 이 바스티다

Anderson, Ruth Matilda, *Costumes Painted by Sorolla in His Provinces of Spain* (Hispanic Society of America, 1957).

Anon., *Provinces of Spain, by Joaquín Sorolla y Bastida* (Hispanic Society of America, 1959).

Faerna, José María, *Joaquín Sorolla*, trans. Richard Rees (Ediciones Polígrafa, 2006).

Garín Llombart, Felipe V., and Facundo Tomàs Ferré, *Sorolla: Vision of Spain* (Fundacion Bancaja, 2007).

Peel, Edmund, *The Painter Joaquin Sorolla y Bastida* (Sotheby's Publications, 1989).

Pons-Sorolla, Blanca, *Joaquín Sorolla*, ed. Edmund Peel, trans. Rice Everett (Philip Wilson, 2005).

J.M.W. 터너

Hamilton, James, *Turner: A Life* (Sceptre, 2014).

Moyle, Franny, *Turner: The Extraordinary Life and Momentous Times of J.M.W. Turner* (Viking, 2016).

Russell, John, and Andrew Wilton, *Turner in Switzerland,* ed. Walter Amstutz (De Clivo Press).

Wilton, Andrew, *Turner Abroad: France, Italy, Germany, Switzerland* (British Museum Publications, 1982).

Wilton, Andrew, *Turner in His Time* (Thames and Hudson, 1987).

반 고흐

Ash, Russell, *Van Gogh's Provence* (Pavilion, 1992).

Bailey, Martin, ed., *The Illustrated Provence Letters of Van Gogh* (Batsford, 2021).

Bailey, Martin, *Studio of the South: Van Gogh in Provence* (Frances Lincoln, 2021).

Leymarie, Jean, *Van Gogh: Arles, Saint-Rémy* (Methuen, 1956).

Nemeczek, Alfred, *Van Gogh in Arles* (Prestel, 1999).

Walker, John Albert, *In Search of Vincent van Gogh's Motifs in Provence* (Camden Libraries, 1969).

Welsh-Ovcharov, Bogomila, *Van Gogh in Provence and Auvers* (Hugh Lauter Levin Associates, 1999).

찾아보기

가나다 순 / 작품은 원제로 표기하였으며, 작품명은 이탤릭체로 표시했습니다.

작품명

이미지 크레딧

2 Ed-Ni-Photo/Getty Images; 8 Andrew Pinder; 9 Eva Blue/Unsplash; 13 doom.ko/Shutterstock; 15 Gimas/Shutterstock; 16–17 Micaela Parente/Unsplash; 18 Louis Paulin/Unsplash; 19 Andrew Pinder; 22 Artefact/Alamy Stock Photo; 24–5 Guillaume Meurice/Unsplash; 27 Andrew Pinder; 28–9 Sebastien Jermer/Unsplash; 30 API/Gamma-Rapho/Getty Images; 31 Universal History Archive/Universal Images Group/Getty Images; 32–3 Elisa Schmidt/Unsplash; 34 Natata/Shutterstock; 35 Heather Shevlin/Unsplash; 39 Bettmann/Getty Images; 40 Ben Coles/Unsplash; 42 Natata/Shutterstock; 44–5 © Boltin Picture Library/DACS, London 2023/Bridgeman Images; 46–7 sharptoyou/Shutterstock; 49 Chris Howey/Shutterstock; 50 T.W. van Urk/Shutterstock; 51 Natata/Shutterstock; 55 above Bridgeman Images; 55 below Picturenow/Universal Images Group/Getty Images; 56 Hilbert Simonse/Unsplash; 58 Andrew Pinder; 59 Dawn L. Adams/Shutterstock; 62 Peter R. Lucas/Frederic Lewis/Archive Photos/Getty Images; 64 Andrew Pinder; 66–7 incamerastock/Alamy Stock Photo; 69 Birger Strahl/Unsplash; 70 Joel Muniz/Unsplash; 71 Andrew Pinder; 74–5 John Forson/Unsplash; 76 Corbis Historical/Getty Images; 78 Andrew Pinder; 79 Ifan Nuriyana/Unsplash; 82 Pictures From History/Universal Images Group/Getty Images; 83 Krishna Wu/Shutterstock; 85 Andrew Pinder; 86–7 Maris Grunskis/Shutterstock; 88 TT News Agency/Alamy Stock Photo; 90 Andrew Pinder; 92–3 Raul Varela/Unsplash; 94 posztos/Shutterstock; 95 Bettman/Getty Images; 97 Natata/Shutterstock; 98–9 Shujaa_777/Shutterstock; 100 Osiev/Shutterstock; 101 Bridgeman Images; 104 © The Hepworth Wakefield/Bridgeman Images; 105 Jasmine Wang/Alamy Stock Photo; 106 wanderluster/Alamy Stock Photo; 108 Andrew Pinder; 110–11 Noelle Guirola/Unsplash; 112 Heritage Image Partnership Ltd/Alamy Stock Photo; 113 Album/Alamy Stock Photo; 114–15 amnat30/Shutterstock; 117 Andrew Pinder; 118–19 Leon Rohrwild/Unsplash; 120 mauritius images GmbH/Alamy Stock Photo; 121 Imagno/Getty Images; 122 Leemage/Corbis/Getty Images; 124 Andrew Pinder; 125 Rolf E. Staerk/Shutterstock; 128–9 © The Courtauld/DACS, London 2023/Bridgeman Images; 130 Andres Giusto/Unsplash; 131 Natata/Shutterstock; 135 agefotostock/Alamy Stock Photo; 136 Natata/Shutterstock; 137 Roman Fox/Unsplash; 140–1 Philadelphia Museum of Art, Pennsylvania, PA, USA/Purchased with the W.P. Wilstach Fund, 1899/Bridgeman Images; 142–3 AR Pictures/Shutterstock; 144 Benoit Deschasaux/Unsplash; 145 Andrew Pinder; 148–9 Everett Collection/Shutterstock; 151 Andrew Pinder; 152–3 A. Film/Shuttestock; 154 incamerastock/Alamy Stock Photo; 156 Andrew Pinder; 157 Jeroen van Nierop/Unsplash; 158–9 Olga Subach/Unsplash; 163 above Richard Harrington/Three Lions/Getty Images; 163 below Bule Sky Studio/Shutterstock; 164 Granger/Bridgeman Images; 166–7 Boudhayan Bardhan/Unsplash; 168 Sumat Gupta/Unsplash; 169 © British Library Board. All Rights Reserved/Bridgeman Images; 170 James Orndorf/Shutterstock; 171 Andrew Pinder; 174 Todd Webb/Getty Images; 175 DACS, London 2023/Bridgeman Images; 176 Doomko/Alamy Stock Vector; 177 Caroline Minor Christensen/Unsplash; 180–1 Anthony Salerno/Unsplash; 182 © Succession Picasso/DACS, London 2023/Bridgeman Images; 184 Andrew Pinder; 186–7 Henrique Ferreira/Unsplash; 188–9 Barney Burstein/Corbis/VCG/Getty Images; 190 Shuishi Pan/Unsplash; 191 Andrew Pinder; 194–5 Jorge Fernandez Salas/Unsplash; 196 Artefact/Alamy Stock Photo; 197 Sorolla Museum; 198 World History Archive/Alamy Stock Photo; 200 SABPICS/Shutterstock; 202–3 © Christie's Images/Bridgeman Images; 204–5 Roman Babakin/Shutterstock; 207 Natata/Shutterstock; 208 Patrick Boucher/Unsplash; 209 Heritage Image Partnership Ltd/Alamy Stock Photo; 210–11 Universal History Archive/Universal Images Group/Getty Images.

지은이 **트래비스 엘버러**

"영국에서 가장 뛰어난 대중문화 역사가 가운데 하나"라는 찬사를 듣는 트래비스 엘버러는 런던에 거주하는 작가이자 사회평론가이다. 그의 작품들은 복고적인 문화의 덧없음뿐 아니라 런던의 역사와 지리, 그리고 그 외에 다른 주제들을 살살이 파헤친다. 엘버러의 작품 《사라져가는 장소들의 지도》는 2020년 에드워드 스탠퍼드 트래블 라이팅 어워즈를 수상했으며, 런던의 교통을 대표해왔던 루트마스터 버스에 부치는 《우리가 사랑한 버스》 역시 그의 작품이다. 그 외에도 《여행자의 일 년》, 《런던에서 보낸 일 년》, 《작가 되기》, 《공원산책》 등이 있다. 트래비스는 라디오4와 <가디언>에 정기적으로 기고하며, 카리브 해의 해적부터 영국 바닷가의 당나귀까지 여행과 문화의 모든 측면을 글로 다룬다. <타임스>, <선데이 타임스>, <뉴 스테이트맨>, <BBC 히스토리 매거진> 등에서 그의 글을 만나볼 수 있으며, 웨스트민스터 대학교에서 방문교수로 창의적인 글쓰기를 가르치고 있다.

옮긴이 **박재연**

서울에서 프랑스어와 프랑스 문학을, 파리에서 미술사와 박물관학을 공부했다. 시각 이미지가 품고 있는 이야기들이 시대와 문화권에 따라 달라지는 여러 모양새를 들여다보는 것을 좋아한다. 아주대학교 문화콘텐츠학과에서 학생들을 가르치면서 예술과 역사에 관한 번역과 집필, 강연과 기획 활동을 하고 있다.

예술가의 여정

초판 1쇄 발행 2024년 5월 1일
지은이 트래비스 엘버러 | **옮긴이** 박재연
펴낸곳 Pensel | **출판등록** 제 2020-0091호 | **주소** 서울특별시 은평구 통일로 660, 306-201
펴낸이 허선회 | **책임편집** 김유진, 김재경
인스타그램 seonaebooks | **전자우편** jackie0925@gmail.com

'Pensel'은 도서출판 서내의 예술 도서 브랜드입니다.

First published in 2023 by White Lion Publishing an imprint of Quarto.
One Triptych Place, London SE1 9SH, United Kingdom.
T (0)20 7700 6700
www.Quarto.com

Printed in Malaysia